はじめに

日々蓄積されるデータをビジネスで活用したいけれど、何から手を付けてよいかわからないという声も聞かれます。本書は、表計算ソフトExcelの基本機能をマスターされている方を対象に、Excelを使った実習を通して、データの分析と活用方法を習得することを目的とした学習教材です。
ピボットテーブルやグラフを利用したデータ傾向の把握、分析ツールを利用した仮説検定など、Excelを使ったデータ分析の手順を学習します。また、操作結果の読み取り方も詳細に説明しています。
Excelの関数・グラフ・ピボットテーブル、分析ツールを使えば、いつものデータからビジネスのヒントや課題が見えてきます。

本書は、経験豊富なインストラクターが、日頃のノウハウをもとに作成しており、講習会や授業の教材としてご利用いただくほか、自己学習の教材としても最適なテキストとなっております。
本書を通して、Excelの知識を深め、実務に活かしていただければ幸いです。

なお、基本機能の習得には、次のテキストをご利用ください。
●Excel 2019をお使いの方
「よくわかるMicrosoft Excel 2019 基礎」(FPT1813)
「よくわかるMicrosoft Excel 2019 応用」(FPT1814)
●Excel 2016をお使いの方
「よくわかるMicrosoft Excel 2016 基礎」(FPT1526)
「よくわかるMicrosoft Excel 2016 応用」(FPT1527)

> **本書を購入される前に必ずご一読ください**
> 本書は、2021年9月現在のExcel 2019(16.0.10373.20050)、Excel 2016(16.0.4549.1000)に基づいて解説しています。本書発行後のWindowsやOfficeのアップデートによって機能が更新された場合には、本書の記載のとおりに操作できなくなる可能性があります。あらかじめご了承のうえ、ご購入・ご利用ください。

2021年11月22日
FOM出版

目次

購入特典

本書を購入された方には、次の特典（PDFファイル、練習問題データ）をご用意しています。必要に応じて、表示または保存してご利用ください。

特典　練習問題

◆PDFファイルの表示方法

💻 パソコンで表示する

① 次のホームページにアクセスします。

> **https://www.fom.fujitsu.com/
> goods/eb/**

※アドレスを入力するとき、間違いがないか確認してください。

② 「Excelではじめるデータ分析　関数・グラフ・ピボットテーブルから分析ツールまで　Excel 2019/2016対応（FPT2111）」の《特典を入手する》を選択します。

③ 本書の内容に関する質問に回答し、《入力完了》を選択します。

④ ファイル名を選択します。

⑤ PDFファイルが表示されます。

※必要に応じて、印刷または保存してご利用ください。

📱 スマートフォン・タブレットで表示する

① スマートフォン・タブレットで右のQRコードを読み取ります。

② 「Excelではじめるデータ分析　関数・グラフ・ピボットテーブルから分析ツールまで　Excel 2019/2016対応（FPT2111）」の《特典を入手する》を選択します。

③ 本書の内容に関する質問に回答し、《入力完了》を選択します。

④ ファイル名を選択します。

⑤ PDFファイルが表示されます。

※必要に応じて、印刷または保存してご利用ください。

◆練習問題データのダウンロード方法

💻 パソコンで操作する

① 次のホームページにアクセスします。

> **https://www.fom.fujitsu.com/goods/eb/**

※アドレスを入力するとき、間違いがないか確認してください。

② 「Excelではじめるデータ分析　関数・グラフ・ピボットテーブルから分析ツールまで　Excel 2019/2016対応（FPT2111）」の《特典を入手する》を選択します。

③ 本書の内容に関する質問に回答し、《入力完了》を選択します。

④ ファイル名を選択して、ダウンロードします。

本書をご利用いただく前に

本書で学習を進める前に、ご一読ください。

1 効果的な学習の進め方について

本書をご利用いただく際には、次のような流れで学習を進めると、効果的な構成になっています。

1 解説を読む

これから行う分析の目的や分析手法、使用するExcelの機能の解説などを確認します。

●解説
分析手法やExcel
の機能の解説

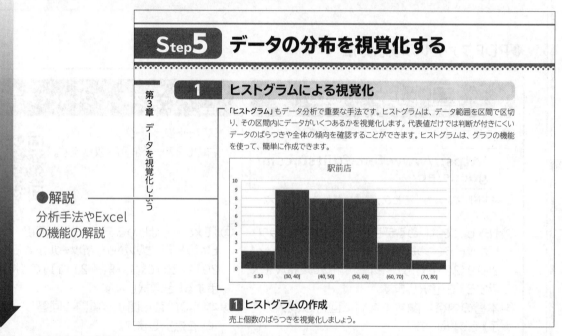

2 Excelで操作する

分析する目的に合わせて、Excelを使って操作します。

●Try!!
これから行う操作
内容

●操作
標準的な操作の
手順と画面図

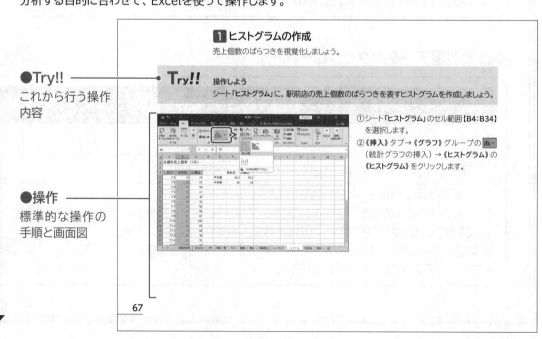

3 結果を確認する

Excelで操作した結果を確認し、データを解釈します。

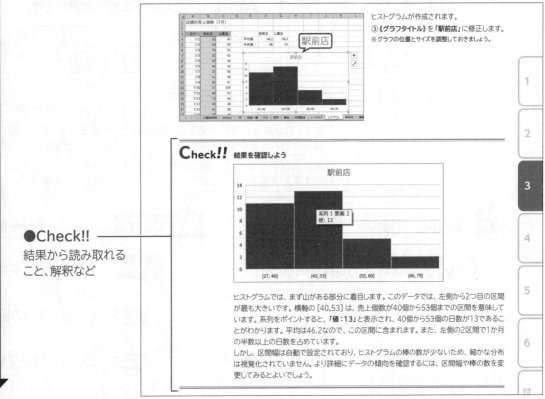

ヒストグラムが作成されます。

③《グラフタイトル》を「駅前店」に修正します。

※グラフの位置とサイズを調整しておきましょう。

●Check!!
結果から読み取れること、解釈など

Check!! 結果を確認しよう

ヒストグラムでは、まず山がある部分に着目します。このデータでは、左側から2つ目の区間が最も大きいです。横軸の [40,53] は、売上個数が40個から53個までの区間を意味しています。系列をポイントすると、「**値：13**」と表示され、40個から53個の日数が13であることがわかります。平均は46.2なので、この区間に含まれます。また、左側の2区間で1か月の半数以上の日数を占めています。
しかし、区間幅は自動で設定されており、ヒストグラムの棒の数が少ないため、細かな分布は視覚化されていません。より詳細にデータの傾向を確認するには、区間幅や棒の数を変更してみるとよいでしょう。

4 復習する

練習問題を使って、学習したExcelの操作を確認します。また、操作した結果を確認して、自分なりにデータを解釈してみましょう。

※練習問題はFOM出版のホームページからダウンロードできます。ダウンロード手順については、目次最後のページの「購入特典」を参照してください。

特典

練習問題

【対象書籍】
よくわかる
Excelではじめるデータ分析
関数・グラフ・ピボットテーブルから分析ツールまで
Microsoft Excel 2019/2016対応
（型番：FPT2111）

2 製品名の記載について

本書では、次の名称を使用しています。

正式名称	本書で使用している名称
Windows 10	Windows 10 または Windows
Microsoft Excel 2019	Excel 2019 または Excel
Microsoft Excel 2016	Excel 2016 または Excel

3 本書の記述について

操作の説明のために使用している記号には、次のような意味があります。

記述	意味	例
⬚	キーボード上のキーを示します。	Ctrl Enter
⬚+⬚	複数のキーを押す操作を示します。	Ctrl + C （Ctrl を押しながらC を押す）
《　》	ダイアログボックス名やタブ名、項目名など画面の表示を示します。	《OK》をクリックします。《データ》タブを選択します。
「　」	重要な語句や機能名、画面の表示、入力する文字列などを示します。	「代表値」といいます。「10」と入力します。

 学習の前に開くファイル

 知っておくべき重要な内容

Try!! これから行う操作内容

STEP UP 知っていると便利な内容

Check!! 操作結果の確認

2019 Excel 2019の操作方法

※ 補足的な内容や注意すべき内容

2016 Excel 2016の操作方法

4 学習環境について

本書を学習するには、次のソフトウェアが必要です。

> ●Excel 2019 または Excel 2016

本書を開発した環境は、次のとおりです。
・OS：Windows 10（ビルド19043.1165）
・アプリケーションソフト：Microsoft Office Professional Plus 2019
　　　　　　　　　　　　　Microsoft Excel 2019（16.0.10373.20050）
・ディスプレイ：画面解像度　1024×768ピクセル
※インターネットに接続できる環境で学習することを前提に記述しています。
※環境によっては、画面の表示が異なる場合や記載の機能が操作できない場合があります。

◆ 画面解像度の設定

画面解像度を本書と同様に設定する方法は、次のとおりです。
①デスクトップの空き領域を右クリックします。
②《ディスプレイ設定》をクリックします。
③《ディスプレイの解像度》の∨をクリックし、一覧から《1024×768》を選択します。
※確認メッセージが表示される場合は、《変更の維持》をクリックします。

◆ ボタンの形状

Excelのバージョンやディスプレイの画面解像度、ウィンドウのサイズなど、お使いの環境によって、ボタンの形状やサイズが異なる場合があります。ボタンの操作は、ポップヒントに表示されるボタン名を確認してください。
※本書に掲載しているボタンは、ディスプレイの画面解像度を「1024×768ピクセル」、ウィンドウを最大化した環境を基準にしています。

◆Office製品の種類

Microsoftが提供するOfficeには「ボリュームライセンス」「プレインストール」「パッケージ」「Microsoft365」などがあり、種類によってアップデートの時期や画面が異なることがあります。

※本書は、ボリュームライセンスをもとに開発しています。

●Microsoft365で《ホーム》タブを選択した状態（2021年9月現在）

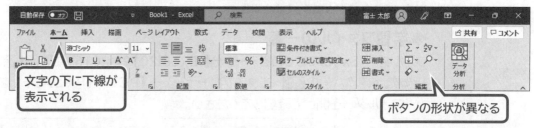

文字の下に下線が表示される

ボタンの形状が異なる

---

5 学習ファイルの提供について

本書で使用する学習ファイルは、FOM出版のホームページで提供しています。

ホームページ・アドレス

> https://www.fom.fujitsu.com/goods/

※アドレスを入力するとき、間違いがないか確認してください。

ホームページ検索用キーワード

> FOM出版

◆ダウンロード

学習ファイルをダウンロードする方法は、次のとおりです。

①ブラウザーを起動し、FOM出版のホームページを表示します。

※アドレスを直接入力するか、キーワードでホームページを検索します。

②《ダウンロード》をクリックします。

③《アプリケーション》の《Excel》をクリックします。

④《Excelではじめるデータ分析　関数・グラフ・ピボットテーブルから分析ツールまで Excel 2019／2016対応　FPT2111》をクリックします。

⑤「fpt2111.zip」をクリックします。

⑥ダウンロードが完了したら、ブラウザーを終了します。

※ダウンロードしたファイルは、パソコン内のフォルダー《ダウンロード》に保存されます。

◆ダウンロードしたファイルの解凍

ダウンロードしたファイルは圧縮されているので、解凍（展開）します。

ダウンロードしたファイル「fpt2111.zip」を《ドキュメント》に解凍する方法は、次のとおりです。

①デスクトップ画面を表示します。

②タスクバーの ■ （エクスプローラー）をクリックします。

③《ダウンロード》をクリックします。

※《ダウンロード》が表示されていない場合は、《PC》をダブルクリックします。

④ファイル「fpt2111」を右クリックします。

⑤《すべて展開》をクリックします。

⑥《参照》をクリックします。

⑦《ドキュメント》をクリックします。

※《ドキュメント》が表示されていない場合は、《PC》をダブルクリックします。

⑧《フォルダーの選択》をクリックします。

⑨《ファイルを下のフォルダーに展開する》が「C：¥Users¥（ユーザー名）¥Documents」に変更されます。

⑩《完了時に展開されたファイルを表示する》を☑にします。

⑪《展開》をクリックします。

⑫ ファイルが解凍され、《ドキュメント》が開かれます。

⑬ フォルダー「Excelではじめるデータ分析Excel2019／2016」が表示されていることを確認します。

※すべてのウィンドウを閉じておきましょう。

◆学習ファイルの一覧

フォルダー「Excelではじめるデータ分析Excel2019／2016」には、学習ファイルが入っています。タスクバーの ■ （エクスプローラー）→《PC》→《ドキュメント》をクリックし、一覧からフォルダーを開いて確認してください。

◆学習ファイルの場所

本書では、学習ファイルの場所を《ドキュメント》内のフォルダー「Excelではじめるデータ分析Excel2019／2016」としています。《ドキュメント》以外の場所に解凍した場合は、フォルダーを読み替えてください。

◆学習ファイル利用時の注意事項

ダウンロードした学習ファイルを開く際、そのファイルが安全かどうかを確認するメッセージが表示される場合があります。学習ファイルは安全なので、《編集を有効にする》をクリックして、編集可能な状態にしてください。

6 本書の最新情報について

本書に関する最新のQ＆A情報や訂正情報、重要なお知らせなどについては、FOM出版のホームページでご確認ください。

ホームページ・アドレス

https://www.fom.fujitsu.com/goods/

※アドレスを入力するとき、間違いがないか確認してください。

ホームページ検索用キーワード

FOM出版

第1章

データ分析をはじめる前に

Step 1 何のためにデータを分析するのか

1 データ分析の必要性

ビッグデータ、データサイエンティストなど、データという言葉を含むキーワードが注目されています。データ活用の必要性を感じ、業務で様々なデータを分析したいという方も多いのではないでしょうか。数学が苦手なので難しいのではないか、データ分析にはプログラミング言語などの高度な知識が必要なのではないかと感じる方もいるかもしれません。しかし、データ分析に必要なのは、数学やプログラミング言語などの高度な知識ではなく、データをもとに相手を納得させるストーリーを組み立てる力であるといえます。

次の例で考えてみましょう。

> あなたは、ある飲料メーカーで販売促進を担当しています。現在、ある商品の売上が伸び悩んでいることが課題になっています。この商品をヒットさせるために、どのようなアイデアが考えられますか？

どのようなアイデアが思い浮かびましたか？
実は、どのアイデアも正解であり、どのアイデアも不正解であるかもしれません。それは、アイデアとは「仮説」であり、実際にやってみるまではわからないからです。

では、別の角度から考えてみましょう。

> あなたは、ある飲料メーカーで販売促進を担当しています。現在、ある商品の売上が伸び悩んでいることが課題になっています。この商品をヒットさせるために、次の2つのアイデアのどちらが、よりおもしろいと感じますか？
>
> ### アイデア1
> 他の商品より低価格にする
>
>
>
> 150円 ＞ 100円
>
> ### アイデア2
> 今までにないデザインのパッケージにする
>
>
> New Design

アイデアを効果という点で考えると、他の商品より低価格にする方が効果は高いかもしれません。しかし、おもしろさという点で考えると、今までにないデザインのパッケージにする方がおもしろく感じるのではないでしょうか?

それでは、上司や関係者を納得させるという点で考えた場合は、どちらのアイデアが採用されやすいと思いますか?

多くの場合、利益が多少減っても問題がないのであれば、アイデア1が採用されやすいでしょう。なぜなら、アイデア2は本当に効果があるのかが確実ではなく、おもしろさだけではアイデアの採用に二の足を踏むことが多いからです。

アイデア2を採用してもらう場合には、どのようにして相手を納得させればよいのでしょうか?そして、そもそもアイデア2を採用してもらう必要性はあるのでしょうか?

ビジネスにおいて、根拠のないアイデアを実行することは困難です。

現状の売上を把握して購買層や売上傾向を明確にすること、アンケート調査や試飲調査を行って商品の認知度・味・容量・パッケージデザインなどに対する評価を集めること、そしてそれらのデータをもとに根拠を示すことで、相手を納得させることができ、アイデアの実行につながります。すなわち、データ分析は、データをもとに、ビジネスにおいて様々なアイデアを実行する可能性を広げるために必要だといえるのです。

Step2 データ分析のステップを確認する

1 データ分析の基本的なステップ

いざデータ分析をしようと思っても、どこから手を付ければよいか迷ってしまう人も多いでしょう。目的が定まらないままデータを集計したり、グラフを作成したりしても、それらをどのように活かすのかが見えてきません。まずは、売上をアップしたい、新店舗をオープンしたい、コストを削減したいなどの目的を意識することが大切です。
データ分析をするときには、次の基本的なステップに沿って進めるとよいでしょう。

 1 目的を明確にする

 2 データを収集する

 3 データを把握する

 4 分析を実行する

5 分析結果を解釈し、ビジネスに活かす

2 各ステップの役割

データから目的にあったビジネスヒントや解を見つけるために、データ分析の各ステップで行うことを確認しましょう。

1 目的を明確にする

「何のためにデータ分析を行うのか」、「データ分析によって何を知りたいのか」といった目的を明確にします。まず大きな目的を定め、順に詳細な目的を決めていきます。
「商品の売上状況を把握したい」という大きなところから、順に、「店舗ごとの売上金額を知りたい」、「前月との差を知りたい」、「店舗間で商品の売上金額に差があったかを知りたい」、「差が出た理由を知りたい」というように、詳細を設定していきます。ただし、目的はたくさんあっても、ビジネスではコストや時間など様々な制約があります。すべての目的を一度に達成することは難しいので、目的を絞り込み、優先順位を付ける必要があります。

2 データを収集する

目的を明確にしたら、目的を達成するために必要となるデータを収集します。**「割合を知りたい」**、**「順位を知りたい」**、**「推移を知りたい」**、**「関係性を知りたい」**など、明確にした目的によって準備すべきデータが見えてきます。いつまでに、どのような方法で、どのようなデータを、どれくらい収集するのか、コストや時間などの制約を考慮したうえで、計画を立ててデータを収集します。自社がすでに持っている売上システムのデータを利用するのか、アンケートをとるのか、公的な調査データを利用するのかなどを検討し、データを準備します。

3 データを把握する

データが準備できたら、代表値などでデータを要約して、データの傾向をつかみます。また、クロス集計表やグラフ、ヒートマップなどを作成してデータを視覚化します。視覚化すると、さらにデータの傾向や特異な点がわかり、着目すべき視点が見つかることがあります。

4 分析を実行する

分析ツールを使って、分析を実行します。常に目的を意識し、目的に合わせて分析方法を選択する必要があります。客観的な判断をするために必要な結果が得られるよう、ストーリーを組み立てて分析を行います。

5 分析結果を解釈し、ビジネスに活かす

分析を実行した後は、**1**で明確にした目的に沿って分析結果の意味を判断します。結果を相手に伝える場合は、分析結果の数値を示すだけではなく、どのような意味を持つのか、目的に結び付けて示すことで、その後の意思決定につながります。

また、分析結果を解釈するときには、目的達成の妨げとなっている問題点を発見することも大切です。

👆POINT データ分析に役立つExcelの機能

3データを把握する、**4**分析を実行するの各ステップでは、次のようなExcelの機能が役に立ちます。

手法	Excel の機能
代表値を算出する 基本統計量を算出する データを要約する	・関数 ・分析ツール　基本統計量 ・ピボットテーブル
データを視覚化する	・ピボットテーブル／ピボットグラフ／グラフ ・条件付き書式
データの分布を視覚化する	・ヒストグラム
時系列データを視覚化する	・グラフ ・分析ツール　移動平均
平均を比較する	・分析ツール　t検定
ばらつきを比較する	・分析ツール　F検定
関係性を分析する	・散布図 ・分析ツール　相関
因果関係を分析する	・散布図 ・近似曲線 ・回帰分析
売れ筋商品を見つける	・パレート図
最適解を見つける	・ゴールシーク ・ソルバー

1 データの形

データを分析するには、まずはデータを準備する必要があります。データの形によって、把握できる内容が異なるため、目的に合った形に整理されているデータを使うと分析がはかどります。

データを準備する前に、データ分析に必要なデータの形とその特徴をおさえておきましょう。

● クロスセクションデータ

ある時点におけるデータです。**「横断面データ」**ともいいます。例えば、店舗Aの2021年10月時点の売上高、来店者数、客単価です。クロスセクションデータでは、同一時点での複数の項目のデータを把握できます。

店舗A　2021年売上

クロスセクションデータ

	1月	2月	3月	4月	5月	6月	7月	8月	9月	10月	11月	12月
売上高												
来店者数												
客単価												

● 時系列データ

ある項目について時間の推移に沿って記録したデータです。例えば、店舗Aの2021年1月から12月までの売上高です。時系列データでは、時間に沿って変化するデータを把握できます。

店舗A　2021年売上

	1月	2月	3月	4月	5月	6月	7月	8月	9月	10月	11月	12月
時系列データ → 売上高												
来店者数												
客単価												

● パネルデータ

同じ対象について、複数の項目を時間の推移に沿って記録したデータです。パネルデータはクロスセクションデータと時系列データを組み合わせたものです。例えば、店舗Aの2021年1月から12月までの売上高、来店者数、客単価です。パネルデータでは、同じ対象の項目間の関係を時間に沿って把握できます。

店舗A　2021年売上

	1月	2月	3月	4月	5月	6月	7月	8月	9月	10月	11月	12月
パネルデータ → 売上高												
来店者数												
客単価												

👆POINT データの行列の入れ替え

年や月など時系列のデータは追加されることが多いため、行を増やしていく方が、表の管理が楽になります。行と列は簡単に入れ替えることができます。

◆セル範囲を選択→《ホーム》タブ→《クリップボード》グループの 📋（コピー）→貼り付け先のセルを選択→《ホーム》タブ→《クリップボード》グループの 📋（貼り付け）の 貼り付け→《貼り付け》の《行列を入れ替える》

※お使いの環境によっては、《行列を入れ替える》が《行/列の入れ替え》と表示されます。

---

2 データの種類

データにはいくつかの種類があり、種類ごとに分析の手法や使用するグラフなどが異なります。代表的な例として、**「量的データ」**と**「質的データ」**があります。その特徴を確認しておきましょう。

●量的データ

数値で表すことができるデータです。**「量的変数」**ともいいます。量（数値）の大小が基準となります。数値データなので、そのまま計算に使用することができます。量的データでは、売上金額の平均を求めるなど、数値をもとに平均や最小値などを計算したり、分布を比較したりすることができます。

```
例：
・金額
・人数
・売上個数　など
```

●質的データ

分類や種類を区別することができるデータです。**「質的変数」**ともいいます。数値データではないので、そのままでは計算に使用することはできません。質的データでは、好きなフルーツは「いちご」であると回答した人の数を求めるなど、その出現頻度をもとに数や割合を比較することができます。

```
例：
・商品名
・店舗名
・好きなフルーツ　など
```

3 母集団と標本

データ分析を行うときは、何を対象に、どのようなことを知りたいのかに合わせて、データを準備します。

データ分析では、知りたい対象のことを「**母集団**」といいます。母集団のすべてのデータを調べる調査を「**全数調査**」といいます。全数調査では正確な結果が得られますが、母集団が大きいとデータを集める手間やコストが膨大になるというデメリットがあります。

そこで、手間やコストを少なくするため、母集団から一部のデータを抽出して調査し、全体を推定する方法を使います。これを「**標本調査（サンプル調査）**」といい、抽出したデータのことを「**標本（サンプル）**」といいます。

●標本調査（サンプル調査）

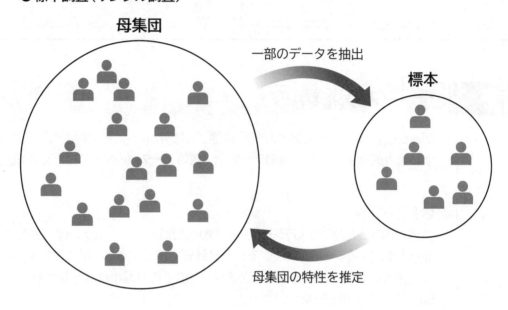

標本調査では、一部のデータだけを対象として調査を行い、その結果からビジネスヒントを得るため、調査対象と知りたい対象がずれていては意味がありません。例えば、若者向けの新商品を企画しているのに、年齢の高い人ばかりが調査に参加したら、どんなに高度な分析を行ったとしても、欲しい結果は得られません。

標本調査を行う際は、少しでも偏りを避けるよう、無作為に抽出する「**ランダムサンプリング**」という方法を使います。

また、集めたデータをもとに分析した結果を示すときには、「**○○市の○○教室に通う○○人のデータ**」というように、データや結果を見る人がどんな母集団を想定すればよいか判断できるようにしておくことが大切です。

4 データを収集するときのポイント

実際にデータを収集するときには、次のような点をおさえておきましょう。

1 分析に適したデータの収集

データを収集するときには、誰を対象に、どれくらいの数のデータを、どのような方法で収集するのか、計画を立てましょう。また、データ収集にかかるコストや手間などを考えることも大切です。

●誰を対象にするのか

例えば、「知り合いに答えてもらった」、「SNSにアンケートを載せて答えてもらった」などのように、対象者を決めずにデータを収集すると偏りが生じます。偏ったデータから分析すると、目的に合わない不適切な結論に到達してしまう可能性があります。データを収集するときには、誰を対象にするかをよく考えなくてはいけません。

●どれくらいの数を収集するのか

収集するデータ数が多ければ誤差は少なくなりますが、コストや手間は増えます。ここでのコストや手間は、お金がかかるということだけではありません。新商品の企画であれば、発売前に情報が流出しないように、情報を管理するコストや手間も増えます。医薬品の効果測定であれば、副作用などのリスクも考えられるかもしれません。コストや手間を加味して、慎重にデータ数を検討する必要があります。

●どのような方法で収集するのか

目的に合ったデータを効率よく集めるために、適切な方法を選択します。
小売店の売上を分析したければPOSデータを収集したり、品質を分析したければ品質検査の結果を収集したり、商品に対するお客様の評価を知りたければアンケートやインタビュー調査を行ったりします。
アンケートやインタビュー調査を行うのであれば、手段の検討も必要です。アンケート用紙を使用して配布する、Webサイトでアンケートに回答してもらう、対面で行う、オンラインツールを使ってオンラインで行う、というように様々な手段が考えられます。また、大きな集団を対象とする場合には、無作為標本抽出である「RDD（ランダム・デジット・ダイヤリング）」を使用した電話調査を実施することもあります。

👆POINT　公的なデータの活用

インターネット上には、家計、経済、人口、世帯、気象、農林水産、環境など分析に役立つデータが公開されています。次のサイトでは、政府が収集した公共データを広く公開しており、個人や一企業では収集が難しい様々な分野のデータを利用することができます。Excel形式やcsv形式などでダウンロードできます。例えば、気温の変化による売上を確認する、売上の多い地域の年齢別人口を確認するといったような場合、公的なデータを活用すると効率的です。

●政府統計の総合窓口（e-Stat）
https://www.e-stat.go.jp/

●データカタログサイト
https://www.data.go.jp/

2 分析に適したデータの整形

新しくデータを収集する以外にも、すでに社内にあるデータを加工してデータ分析に使用できます。例えば、社内には、日々の売上データや仕入データ、顧客データ、製品の検査データ、以前集めたアンケートの結果など、様々なデータがあることでしょう。これらのデータを目的に合わせて準備します。準備したデータはそのままで使用できる場合もあれば、整形などの加工が必要な場合もあります。整形せずに使用するとデータ分析の際に異なるデータと認識され、分析の質が低下してしまう可能性があります。

データ分析に使用する場合、整形などの加工が必要なデータには、次のようなものがあります。

※Excelの操作方法については、「付録 分析に適したデータに整形しよう」を参照してください。

❶重複データ

商品一覧に同じ商品のデータが複数あるなどデータが重複している。

❷表記が異なるデータ

ひらがなとカタカナ、「・」と「-」、「駅前店」と「駅前」など同じデータであるが表記が異なる状態で入力されている。

❸空白データ

入力されていなければならないはずのデータが空白（Null）になっている。空白の項目が含まれるデータを集計すると全体の数が合わなくなることがある。

第2章

データの傾向を把握することからはじめよう

1 事例の確認

データ分析をはじめましょう。本書では次のような事例で分析を進めていきます。

●事例

あなたは、ジューススタンドの運営をしています。

ジューススタンドは駅前店、公園店の2店舗があり、近隣に住んでいる人や勤務する人、公園にスポーツや遊びで訪れる人を対象に、果物や野菜を使ったフレッシュジュースを提供しています。

定番メニューは次のような商品です。

分類	商品名	単価
フルーツ	いちごミックス	300円
フルーツ	バナナミルク	300円
フルーツ	ブルーベリーヨーグルト	300円
ベジタブル	キャロット	300円
ベジタブル	ケール&レモン	300円
ベジタブル	フレッシュトマト	300円

定番メニュー以外に、旬を楽しむ季節限定メニューも用意しています。7月の限定メニューは、次の2つです。

分類	商品名	単価
季節限定	ホワイトピーチ	450円
季節限定	マスクメロン	500円

ジューススタンドはオープンから3年が経ち、さらなる売上アップを目指しています。まず、スタッフにお客様の様子を尋ねてみたところ、朝の1杯を習慣にする常連のお客様や、健康を意識してベジタブルジュースを購入するお客様が多いように感じるとの声がありました。季節限定メニューは単価が高いけれど売れているという声もあれば、定番メニューほど売れていないという声もありました。また、フレッシュなジュースを提供するため、思ったほど売れ行きが良くない日には、準備した食材が無駄になり、廃棄が多くなってしまうことがあるとわかってきました。

では、ベジタブルジュースを購入するお客様が「多い」とは、どのような数値でわかるのでしょうか？「定番メニューほど売れていない」、「思ったほど売れ行きが良くない」とは、どのような基準があるのでしょうか？データを分析してビジネスに活かすヒントを見つけたいと考えています。

2 作業の流れの確認

本書では、ジューススタンドの売上について、次のような流れでデータ分析を行います。
ステップごとの作業は次のとおりです。

1 目的を明確にする

ジューススタンドの「売上アップ」が目的ですが、これでは目的が大きすぎて何をどのように分析すればよいかわかりません。そこで、売上アップのために何が必要かを検討します。例えば、次のように目的を細分化して考えます。

・売上に影響を与えている現状の問題点や売れ筋商品を確認し、強化する
・人気のない商品の代わりに、お客様のニーズに合った新商品を投入する

2 データを収集する

商品の売上については、既存店のデータをもとに検討します。駅前店、公園店の直近の売上データを使用します。

3 データを把握する

代表値を求めて、データの傾向を把握します。また、店舗、分類、商品についてクロス集計表を作成し、売上の大小や割合、推移をグラフなどで視覚化します。視覚化したデータから、気づきがあった場合は、この後の分析で確認します。
第2章、第3章で行います。

4 分析を実行する

データの傾向から見えてきた気づきが「統計的に意味のあるものかどうか」を判断するために分析を実行します。売れ筋商品を確認したり、投入すべき新商品について検討したりします。投入する新商品については、試飲調査やアンケート調査を行い、お客様のニーズを分析して決定します。
第4章、第5章で行います。

5 分析結果を解釈し、ビジネスに活かす

分析結果を解釈し、どのような新商品をいくらで販売するかなど、「売上アップ」という目的を達成するための意思決定を行います。ただし、一度ですべてを決定できるわけではありません。分析の過程で見つかった気づきやヒントから、さらに新しい分析を行うなど、必要に応じてデータ分析のステップを繰り返し、最適な判断につなげるようにします。
第4章、第5章、第6章で行います。

次のStepから、ジューススタンドの売上データを使って、データ分析の手法を確認していきましょう。

Step2　代表値からデータの傾向を探る

1　代表値とは

まずは、データの全体像を把握することから分析をはじめましょう。データからその傾向や特徴を把握する手法のことを「**記述統計**」といいます。記述統計では、データ全体を要約して、データを代表する値を求めます。データを代表する値を「**代表値**」といい、平均や中央値、最頻値などがあります。

代表値	説明
平均	全データの合計をデータの個数で割った値
中央値	全データを小さい値から大きい値まで順に並べたときの中央の値
最頻値	最も頻繁に出現する値

2　平均を使ったデータ傾向の把握

「**平均**」は、全データの合計をデータの個数で割った値です。データを要約して、集団の傾向を見るときに使います。
平均は、「**AVERAGE関数**」を使って求めます。

= AVERAGE（**数値1**，**数値2**，・・・）

※引数には、対象のセルやセル範囲などを指定します。

 ブック「第2章」を開いておきましょう。

Try!!　操作しよう

シート「代表値」のセル範囲【F4:G4】に、各店舗の売上個数の平均を求めましょう。数値は、小数第2位まで表示します。

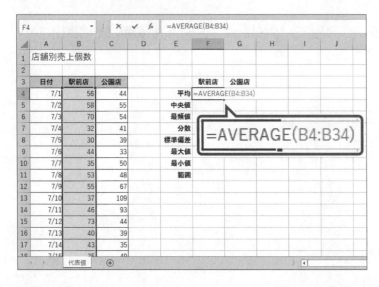

①シート「代表値」のセル【F4】に「=AVERAGE（B4:B34）」と入力します。

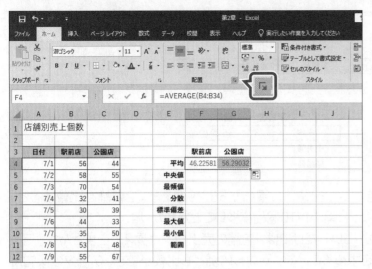

平均が求められます。

②セル【F4】を選択し、セル右下の■（フィルハンドル）をセル【G4】までドラッグします。

数式がコピーされます。

③《ホーム》タブ→《数値》グループの［　］（表示形式）をクリックします。

《セルの書式設定》ダイアログボックスが表示されます。

④《表示形式》タブを選択します。

⑤《分類》の一覧から《数値》を選択します。

⑥《小数点以下の桁数》を「2」に設定します。

⑦《OK》をクリックします。

小数第3位が四捨五入され、小数第2位までの表示になります。

Check!! 結果を確認しよう

	A	B	C	D	E	F	G	H
1	店舗別売上個数							
2								
3	日付	駅前店	公園店			駅前店	公園店	
4	7/1	56	44		平均	46.23	56.29	
5	7/2	58	55		中央値			
6	7/3	70	54		最頻値			

売上個数の平均は、駅前店が46.23個、公園店が56.29個です。2店舗を比較すると、日々の売上個数は、駅前店より公園店が10個程度多いことがわかります。

31日間の売上個数が単に並んでいるだけでは、店舗の売上傾向は見えてきませんが、データを代表する値である平均を求めることで、異なる店舗とも比較ができ、データの傾向が見えてきます。

では、次のデータではどうでしょうか?

B9		▼		× ✓ fx	=AVERAGE(B2:B8)		

	A	B	C	D	E	F	G	H
1	曜日	売上個数						
2	月	10						
3	火	15						
4	水	15						
5	木	10						
6	金	20						
7	土	10						
8	日	1000						
9	平均	154.3						
10								

感覚的には日々の売上個数は15個程度に見えるかもしれませんが、平均は15個よりもずっと大きい154.3という値になっています。データを見ると、日曜日の売上個数が極端に大きい値であることがわかります。対象となるデータの数が少ない場合、平均は極端な値に影響されるという特徴があります。

また、平均を使ってデータの傾向を表すと、売上個数が「10」の日もあれば、「1,000」の日もあるという情報が捨てられてしまうという特徴もあります。

👆 POINT 関数の直接入力

「=」に続けて英字を入力すると、その英字で始まる関数名が一覧で表示されます。一覧の関数名をクリックすると、ポップヒントに関数の説明が表示されます。一覧の関数名をダブルクリックすると関数を入力できます。

👆 POINT セル範囲の選択

データ分析で扱うデータは行数や列数が多いため、ショートカットキーを使ってセル範囲を選択すると効率的です。

◆先頭のセルを選択→ Ctrl + Shift を押しながら、→ または ↓ を押す

3 中央値、最頻値を使ったデータ傾向の把握

平均は極端な値に影響されるという特徴があるため、より適切にデータの傾向を表すには、平均だけでなく、中央値や最頻値も指標にするとよいでしょう。

1 中央値の算出

「中央値」は、全データを小さい値から大きい値まで順に並べたときの中央の値のことです。「メジアン」ともいいます。中央値は、極端に大きい値や極端に小さい値の影響を受けにくい値です。

中央値は、「MEDIAN関数」を使って求めます。

= MEDIAN（数値1，数値2，・・・）

※引数には、対象のセルやセル範囲などを指定します。

●データの数が奇数の場合

1, 2, 3, 4, [5], 6, 7, 8, 9

中央値「5」

●データの数が偶数の場合

1, 2, 3, 4, [5, 6], 7, 8, 9, 10

中央値「5.5」

Try!! 操作しよう

シート「代表値」のセル範囲【F5:G5】に、各店舗の中央値を求めましょう。

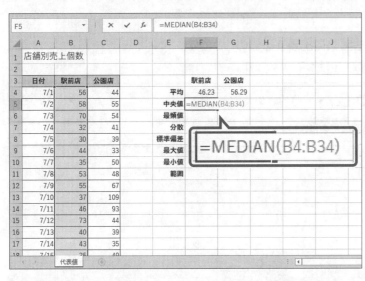

①セル【F5】に「=MEDIAN（B4:B34）」と入力します。

中央値が求められます。

②セル【F5】を選択し、セル右下の■（フィルハンドル）をセル【G5】までドラッグします。

数式がコピーされます。

Check!! 結果を確認しよう

	A	B	C	D	E	F	G	H
1	店舗別売上個数							
2								
3	日付	駅前店	公園店			駅前店	公園店	
4	7/1	56	44		平均	46.23	56.29	
5	7/2	58	55		中央値	46	44	
6	7/3	70	54		最頻値			
7	7/4	32	41		分散			

駅前店の中央値は46、公園店の中央値は44で、あまり大きな差はありません。

平均と中央値を比較すると、駅前店はほぼ同じですが、公園店は平均が中央値よりも大きいことがわかります。平均は極端な値に影響されるという特徴があるため、売上個数が極端に多い日がある可能性があります。データを見ると、7/10、7/17、7/25の売上個数は大きな値になっていることが確認できます。

ただし、中央値は、データの全体ではなく中央だけを表しているので、データ全体の変化を確認したり、異なる集団と比較したりすることには適さない場合があります。例えば、売上個数が「10, 20, 30」というデータの中央値は20です。このデータが「10, 20, 100」に変化しても中央値は変わりません。また、「10, 20, 30」と「0, 20, 100」の2つの集団を比較しても中央値は変わりません。
中央値を代表値として使用する場合、その特徴をよく知っておくことが必要です。

2 最頻値の算出

「最頻値」は、データの中で最も頻繁に出現する値のことです。
最頻値は、「MODE.SNGL関数」を使って求めます。

> = MODE.SNGL (数値1, 数値2, ・・・)
>
> ※引数には、対象のセルやセル範囲などを指定します。

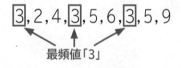

最頻値「3」

Try!! 操作しよう

シート「代表値」のセル範囲【F6:G6】に、各店舗の最頻値を求めましょう。

①セル【F6】に「=MODE.SNGL(B4:B34)」と入力します。

=MODE.SNGL(B4:B34)

F6			:	× ✓	f_x	=MODE.SNGL(B4:B34)			

	A	B	C	D	E	F	G	H	I	J
1	店舗別売上個数									
2										
3	日付	駅前店	公園店			駅前店	公園店			
4	7/1	56	44		平均	46.23	56.29			
5	7/2	58	55		中央値	46	44			
6	7/3	70	54		最頻値	53	39			
7	7/4	32	41		分散					
8	7/5	30	39		標準偏差					
9	7/6	44	33		最大値					
10	7/7	35	50		最小値					
11	7/8	53	48		範囲					
12	7/9	55	67							
13	7/10	37	109							

最頻値が求められます。

②セル【F6】を選択し、セル右下の■(フィルハンドル)をセル【G6】までドラッグします。数式がコピーされます。

Check!! 結果を確認しよう

	A	B	C	D	E	F	G	H
1	店舗別売上個数							
2								
3	日付	駅前店	公園店			駅前店	公園店	
4	7/1	56	44		平均	46.23	56.29	
5	7/2	58	55		中央値	46	44	
6	7/3	70	54		最頻値	53	39	
7	7/4	32	41		分散			

駅前店の最頻値は53、公園店の最頻値は39です。

平均と最頻値を比較すると、駅前店は平均より約7大きく、公園店は平均より約17小さいことがわかります。最頻値が平均から離れている場合は、データに偏りがあることが推測できます。

ただし、最頻値は、データの数が少ない場合、あまり意味がないというデメリットがあります。例えば、最も頻繁に出現する値といっても、どの値も1回しか出てこなければ、データの傾向を適切に表すことはできません。

3つの代表値の特徴をまとめると、次のようになります。1つの指標だけではなく、3つの代表値の特徴を理解し、組み合わせてデータの傾向を把握しましょう。

代表値の種類	メリット	デメリット
平均	集団の値をすべて使って算出される	極端な値に大きく影響を受ける
中央値	極端な値の影響はあまり受けない	中央の値だけを見るので、データ全体の変化を確認したり、異なる集団と比較したりすることには適さない場合がある
最頻値	極端な値の影響はあまり受けない	データの数が少ない場合はあまり意味がない

👆 POINT 出現回数が同じデータがある場合

次のように「3」と「5」が3回ずつ出現している場合、MODE.SNGL関数を使うとデータが先に並んでいる「3」が最頻値として求められます。

1, ③, ③, 5, 7, 5, 8, 9, 5, ③

4　分散、標準偏差を使ったデータ傾向の把握

売上個数のデータから2店舗の傾向を見るため、代表値として、平均、中央値、最頻値を求めました。

これらの代表値はデータの傾向を見るのに役立つ値ですが、それだけでは集団の傾向を把握することはできません。分布が偏っている場合には、代表値という1つの値でデータの全体傾向を表してしまうと、大事なことを見落としてしまうかもしれません。

次の例を見てみましょう。

	A	B	C	D
1	曜日	A店売上個数	B店売上個数	
2	月	50	100	
3	火	50	70	
4	水	40	40	
5	木	70	20	
6	金	60	20	
7	土	50	50	
8	日	80	100	
9	平均	57.14	57.14	
10	中央値	50	50	
11	最頻値	50	100	
12				

2店舗の平均は57.14で同じです。しかし、A店の売上個数は平均に近い値が多く、B店の売上個数は平均より多い日もあれば少ない日もあり、売上個数が日によってばらついています。平均が同じであっても、2店舗の傾向は異なるようです。**「ばらつき」**とは、データの散らばり方のことです。**「○○からのばらつき」**といったように、基準となる点からの差を見ます。一般的には、平均との差で表します。

集団のデータがどれくらいばらついているのかを確認することで、よりデータの傾向や特徴が見えてきます。

データのばらつきを数値化するには、**「分散」**や**「標準偏差」**を使います。

1　分散の算出

「分散」は、データのばらつき具合を表す指標です。各データと平均の差（偏差）を二乗して足した値をデータの数で割ったものです。分散が大きいほど平均から離れたデータが多くなります。

分散は、**「VAR.S関数」**を使って求めます。

> ＝ VAR.S（数値1，数値2，・・・）
>
> ※引数には、対象のセルやセル範囲などを指定します。

Try!! 操作しよう

シート「代表値」のセル範囲【F7：G7】に、各店舗の分散を求めましょう。

	A	B	C	D	E	F	G	H	I	J
F7			×	✓	fx	=VAR.S(B4:B34)				

	A	B	C	D	E	F	G	H	I	J
1	店舗別売上個数									
2										
3	日付	駅前店	公園店			駅前店	公園店			
4	7/1	56	44		平均	46.23	56.29			
5	7/2	58	55		中央値	46	44			
6	7/3	70	54		最頻値	53	39			
7	7/4	32	41		分散	=VAR.S(B4:B34)				
8	7/5	30	39		標準偏差					
9	7/6	44	33		最大値					
10	7/7	35	50		最小値					
11	7/8	53	48		範囲					
12	7/9	55	67							
13	7/10	37	109							
14	7/11	46	93							
15	7/12	73	44							

=VAR.S(B4:B34)

①セル【F7】に「＝VAR.S（B4：B34）」と入力します。

分散が求められます。

②セル【F7】を選択し、セル右下の■（フィルハンドル）をセル【G7】までドラッグします。

数式がコピーされます。

※小数第2位までの表示にしておきましょう。

	A	B	C	D	E	F	G	H	I	J
F7			×	✓	fx	=VAR.S(B4:B34)				

	A	B	C	D	E	F	G	H	I	J
1	店舗別売上個数									
2										
3	日付	駅前店	公園店			駅前店	公園店			
4	7/1	56	44		平均	46.23	56.29			
5	7/2	58	55		中央値	46	44			
6	7/3	70	54		最頻値	53	39			
7	7/4	32	41		分散	139.25	712.88			
8	7/5	30	39		標準偏差					
9	7/6	44	33		最大値					
10	7/7	35	50		最小値					
11	7/8	53	48		範囲					
12	7/9	55	67							
13	7/10	37	109							
14	7/11	46	93							
15	7/12	73	44							

Check!! 結果を確認しよう

	A	B	C	D	E	F	G	H
1	店舗別売上個数							
2								
3	日付	駅前店	公園店			駅前店	公園店	
4	7/1	56	44		平均	46.23	56.29	
5	7/2	58	55		中央値	46	44	
6	7/3	70	54		最頻値	53	39	
7	7/4	32	41		分散	139.25	712.88	
8	7/5	30	39		標準偏差			
9	7/6	44	33		最大値			
10	7/7	35	50		最小値			
11	7/8	53	48		範囲			
12	7/9	55	67					
13	7/10	37	109					

駅前店の分散は139.25、公園店の分散は712.88で、駅前店よりも公園店の方が、データのばらつきが大きいことがわかります。しかし、分散の値そのものを見ても、「どれくらい」ばらついているかは、あまりイメージできません。

付録

索引

② 標準偏差の算出

分散の値は計算途中で二乗した数値なので、パッと見てもどのような意味を持つのかがわかりにくい値です。そのため、一般的にはデータのばらつき具合を見る場合、分散の値のルート（√）をとった値である「**標準偏差**」を使います。

標準偏差は、「**STDEV.S関数**」を使って求めます。

= STDEV.S (数値1, 数値2, ・・・)

※引数には、対象のセルやセル範囲などを指定します。

Try!! 操作しよう

シート「代表値」のセル範囲【F8:G8】に、各店舗の標準偏差を求めましょう。

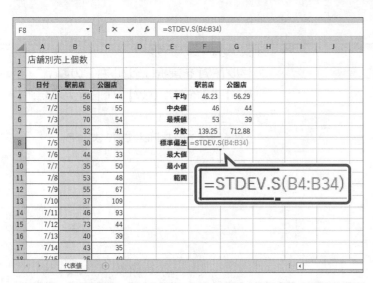

①セル【F8】に「=STDEV.S (B4:B34)」と入力します。

標準偏差が求められます。

②セル【F8】を選択し、セル右下の■（フィルハンドル）をセル【G8】までドラッグします。

数式がコピーされます。

※小数第2位までの表示にしておきましょう。

	A	B	C	D	E	F	G	H
1	店舗別売上個数							
2								
3	日付	駅前店	公園店			駅前店	公園店	
4	7/1	56	44		平均	46.23	56.29	
5	7/2	58	55		中央値	46	44	
6	7/3	70	54		最頻値	53	39	
7	7/4	32	41		分散	139.25	712.88	
8	7/5	30	39		標準偏差	11.80	26.70	
9	7/6	44	33		最大値			
10	7/7	35	50		最小値			
11	7/8	53	48		範囲			
12	7/9	55	67					
13	7/10	37	109					

駅前店の標準偏差は11.80、売上個数の平均は46.23です。標準偏差は平均からのばらつきを表すので、「46.23−11.80」〜「46.23+11.80」、すなわち「34.43」〜「58.03」の間に多くのデータが存在するという意味になります。同様に、公園店では「56.29−26.70」〜「56.29+26.70」、すなわち「29.59」〜「82.99」の間に多くのデータが存在するという意味になります。

標準偏差を使うと、個数に換算できるので、ばらつき具合をイメージしやすくなります。分散で求めた結果と同様に、駅前店より公園店の方が、ばらつきが大きいといえます。

👆 POINT　STDEV.P関数とSTDEV.S関数

標準偏差を求める関数には、STDEV.P関数とSTDEV.S関数があります。「P」は「Population（母集団）」、「S」は「Sample（標本）」のことです。収集した全データを対象として分析するのであればSTDEV.P関数、収集したデータを標本として母集団の分散を推定して求めるのであればSTDEV.S関数を使用します。今回は、7月を例に全体の傾向を知るため、7月を標本データとみなして、STDEV.S関数を使用しています。

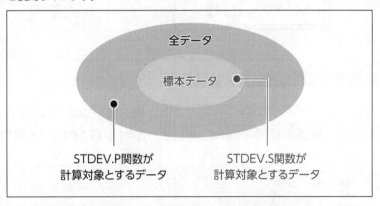

全データ

標本データ

STDEV.P関数が
計算対象とするデータ

STDEV.S関数が
計算対象とするデータ

※分散を求めるVAR.P関数とVAR.S関数も同様の使い分けをします。

5 最小値、最大値、範囲を使ったデータ傾向の把握

代表値やばらつきだけでなく、「**最小値**」、「**最大値**」、「**範囲（レンジ）**」を見ることで、全体像をつかむ手掛かりが増え、よりデータの傾向を適切に表すことができます。最小値、最大値、範囲を求めると、データの上限、下限が確認できるので、特異な値、異常値などの発見に役立ちます。

最大値は「**MAX関数**」、最小値は「**MIN関数**」を使い、範囲は最大値と最小値の差を求めます。

= MAX（数値1，数値2，・・・）

※引数には、対象のセルやセル範囲などを指定します。

= MIN（数値1，数値2，・・・）

※引数には、対象のセルやセル範囲などを指定します。

Try**!!** **操作しよう**

シート「**代表値**」のセル範囲【F9：G11】に、各店舗の売上個数の最大値、最小値、範囲を求めましょう。

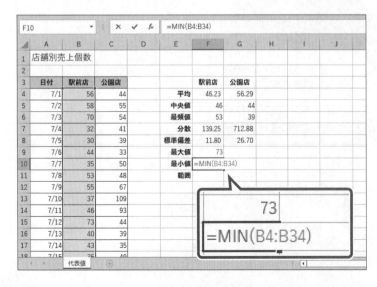

①セル【F9】に「=MAX（B4：B34）」と入力します。

最大値が求められます。

②セル【F10】に「=MIN（B4：B34）」と入力します。

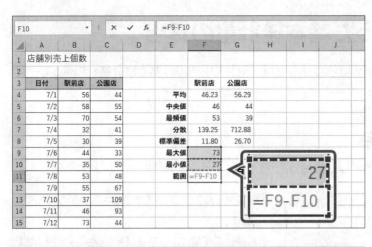

最小値が求められます。

③セル【F11】に「=F9-F10」と入力します。

範囲が求められます。

④セル範囲【F9：F11】を選択し、セル範囲右下の■（フィルハンドル）をセル【G11】までドラッグします。

数式がコピーされます。

Check!! 結果を確認しよう

	A	B	C	D	E	F	G	H
1	店舗別売上個数							
2								
3	日付	駅前店	公園店			駅前店	公園店	
4	7/1	56	44		平均	46.23	56.29	
5	7/2	58	55		中央値	46	44	
6	7/3	70	54		最頻値	53	39	
7	7/4	32	41		分散	139.25	712.88	
8	7/5	30	39		標準偏差	11.80	26.70	
9	7/6	44	33		最大値	73	116	
10	7/7	35	50		最小値	27	30	
11	7/8	53	48		範囲	46	86	
12	7/9	55	67					
13	7/10	37	109					
14	7/11	46	93					
15	7/12	73	44					

駅前店と公園店の最小値はほぼ同じですが、最大値は駅前店より公園店が約40大きいです。また、範囲も駅前店より公園店が40大きいです。公園店では、最も売上個数が多い日が116個、最も売上個数が少ない日が30個と差が大きく、日によって売上個数に変動があることがわかります。

6 分析ツールを使った基本統計量の算出

ここまで数式で求めた代表値やばらつきなどは、分析ツールの**「基本統計量」**を使って一度に求めることができます。分析ツールはExcelの拡張機能（アドイン）です。

1 分析ツールの設定

分析ツールは、アドインを有効にして使用します。分析ツールを有効にしましょう。

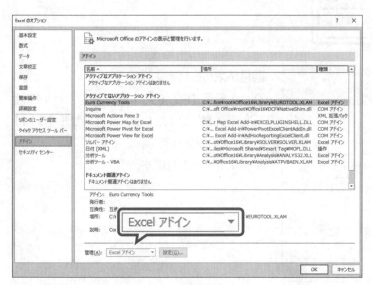

①《ファイル》タブ→《オプション》をクリックします。

※お使いの環境によっては、《オプション》が表示されていない場合があります。その場合は、《その他》→《オプション》をクリックします。

《Excelのオプション》が表示されます。

②左側の一覧から《アドイン》を選択します。

③《管理》の ▼ をクリックし、一覧から《Excelアドイン》を選択します。

④《設定》をクリックします。

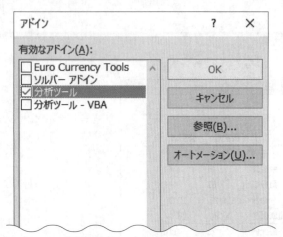

《アドイン》ダイアログボックスが表示されます。

⑤《分析ツール》を ✓ にします。

⑥《OK》をクリックします。

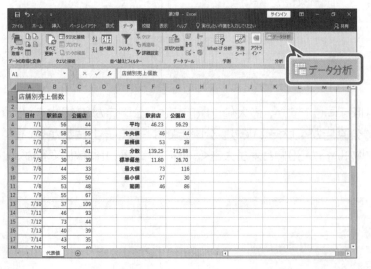

《データ》タブに《分析》グループと データ分析 （データ分析ツール）が追加されます。

2 基本統計量の算出

代表値やばらつきなどの基本統計量を、分析ツールを使って一度に求めます。

Try!! 操作しよう

分析ツールを使って基本統計量を算出しましょう。結果はセル【I3】を開始位置として出力します。

①《データ》タブ→《分析》グループの
[データ分析] (データ分析ツール) をクリックします。

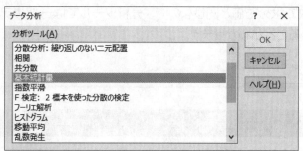

《データ分析》ダイアログボックスが表示されます。
②《基本統計量》を選択します。
③《OK》をクリックします。

《基本統計量》ダイアログボックスが表示されます。
④《入力範囲》にカーソルが表示されていることを確認します。
⑤セル範囲【B3:C34】を選択します。
※選択した範囲が絶対参照で表示されます。
⑥《先頭行をラベルとして使用》を☑にします。
⑦《出力先》を◉にし、右側のボックスにカーソルを表示します。
⑧セル【I3】を選択します。
⑨《統計情報》を☑にします。
⑩《OK》をクリックします。

各店舗の基本統計量が算出されます。
※列幅を調整しておきましょう。
　列幅によって、小数点以下の桁数が異なります。

	駅前店	公園店		駅前店		公園店	
平均	46.23	56.29					
中央値	46	44	平均	46.22580645	平均	56.29032258	
最頻値	53	39	標準誤差	2.119398209	標準誤差	4.795426483	
分散	139.25	712.88	中央値 (メジアン)	46	中央値 (メジアン)	44	
標準偏差	11.80	26.70	最頻値 (モード)	53	最頻値 (モード)	39	
最大値	73	116	標準偏差	11.80030982	標準偏差	26.69980468	
最小値	27	30	分散	139.2473118	分散	712.8795699	
範囲	46	86	尖度	-0.375279515	尖度	-0.131607122	
			歪度	0.40093173	歪度	1.141921359	
			範囲	46	範囲	86	
			最小	27	最小	30	
			最大	73	最大	116	
			合計	1433	合計	1745	
			データの個数	31	データの個数	31	

Check!! 結果を確認しよう

	E	F	G	H	I	J	K	L	M	N
1										
2										
3		駅前店	公園店		駅前店		公園店			
4	平均	46.23	56.29							
5	中央値	46	44		平均	46.22580645	平均	56.29032258		
6	最頻値	53	39		標準誤差	2.119398209	標準誤差	4.795426483		
7	分散	139.25	712.88		中央値（メジアン）	46	中央値（メジアン）	44		
8	標準偏差	11.80	26.70		最頻値（モード）	53	最頻値（モード）	39		
9	最大値	73	116		標準偏差	11.80030982	標準偏差	26.69980468		
10	最小値	27	30		分散	139.2473118	分散	712.8795699		
11	範囲	46	86		尖度	-0.375279515	尖度	-0.131607122		
12					歪度	0.40093173	歪度	1.141921359		
13					範囲	46	範囲	86		
14					最小	27	最小	30		
15					最大	73	最大	116		
16					合計	1433	合計	1745		
17					データの個数	31	データの個数	31		

平均や中央値、最頻値、分散、標準偏差など数式で求めた値と同じ結果が表示されます。標準偏差の値は、STDEV.S関数で求めた値と同じなので、分析ツールでは一部のデータ（標本データ）とみなして計算されることがわかります。

※ブックに任意の名前を付けて保存し、閉じておきましょう。

👍POINT データの更新

数式で基本統計量を求めた場合、もとになる値を更新すると数式の結果も更新されます。分析ツールを使った場合、もとになる値を更新しても結果は更新されません。データを更新するには、再度、分析ツールを使います。

STEP UP 標準誤差、尖度、歪度

分析ツールで基本統計量を算出すると、次のような指標も確認できます。

●標準誤差
標本データから全体を推定する場合に、平均にどれくらいの誤差を加味すべきかを示した指標です。

●尖度
データの分布の形を表す指標です。平均近くにデータが集まっているかどうかがわかります。尖度が負の値のときはなだらかな分布、正の値のときは尖った分布になります。

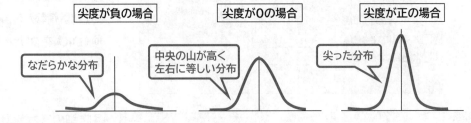

●歪度
データの分布の形を表す指標です。分布の偏り具合がわかります。歪度が負の値のときは右側に山がある分布、正の値のときは左側に山がある分布になります。歪度が0のときは平均の近くにデータが多く、平均から離れるとデータが少ない左右が等しい分布になります。

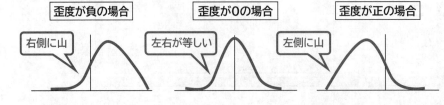

第3章

データを視覚化しよう

1 視覚化してわかること

前の章では、データの傾向を把握するために、関数や分析ツールを使って、基本統計量を算出しました。しかし、数字だけでは全体のデータの傾向や特徴はつかみづらいこともあります。そこで、データを視覚化します。収集したデータの合計や平均を項目ごとに集計した表を作成し、グラフや色などを使ってビジュアル化することで、特徴を見つけやすくなります。データを視覚化するために役立つExcelの機能には、次のようなものがあります。

●ピボットテーブル

	A	B	C	D	E
1					
2					
3	合計 / 個数	列ラベル ▾			
4	行ラベル ▾	駅前店	公園店	総計	
5	フルーツ	599	743	1342	
6	ベジタブル	478	385	863	
7	季節限定	356	617	973	
8	総計	1433	1745	3178	
9					

●グラフ／ピボットグラフ

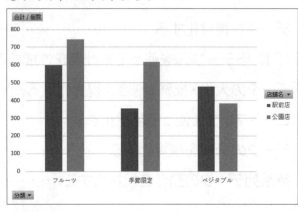

●条件付き書式

	A	B	C	D	E
1	商品別個数比較				
2					
3	分類	商品名	駅前店	公園店	
4	フルーツ	いちごミックス	208	252	
5	フルーツ	バナナミルク	199	234	
6	フルーツ	ブルーベリーヨーグルト	192	257	
7	ベジタブル	キャロット	91	100	
8	ベジタブル	ケール＆レモン	256	168	
9	ベジタブル	フレッシュトマト	131	117	
10	季節限定	ホワイトピーチ	176	271	
11	季節限定	マスクメロン	180	346	
12					

では、グラフを使ってデータを視覚化した例を見てみましょう。
次の4つのグラフ（散布図）は、統計学者フランク・アンスコムが紹介した「**アンスコムの例 (Anscombe's Quartet)**」と呼ばれる数値例から作成したものです。

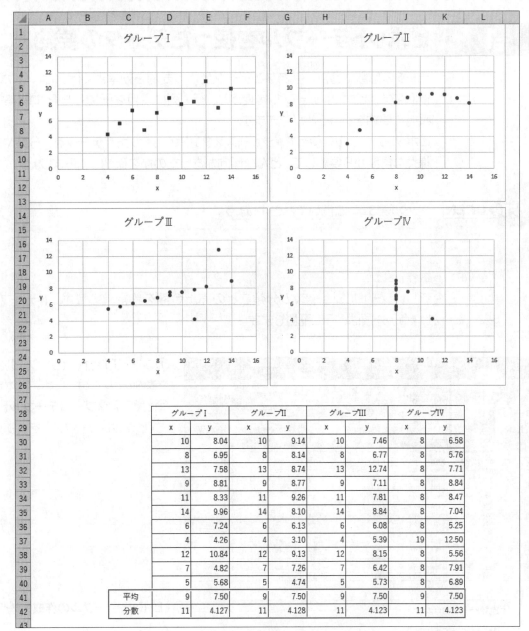

グループI		グループII		グループIII		グループIV	
x	y	x	y	x	y	x	y
10	8.04	10	9.14	10	7.46	8	6.58
8	6.95	8	8.14	8	6.77	8	5.76
13	7.58	13	8.74	13	12.74	8	7.71
9	8.81	9	8.77	9	7.11	8	8.84
11	8.33	11	9.26	11	7.81	8	8.47
14	9.96	14	8.10	14	8.84	8	7.04
6	7.24	6	6.13	6	6.08	8	5.25
4	4.26	4	3.10	4	5.39	19	12.50
12	10.84	12	9.13	12	8.15	8	5.56
7	4.82	7	7.26	7	6.42	8	7.91
5	5.68	5	4.74	5	5.73	8	6.89
平均	9	7.50	9	7.50	9	7.50	9	7.50
分散	11	4.127	11	4.128	11	4.123	11	4.123

グループI～IVのデータについて基本統計量を算出すると、xの平均は9、分散は11、yの平均は7.50、分散は小数第2位までが4.12と、4つともが同じ値になります。どうみても4つのグラフは全く違う形ですが、基本統計量の平均と分散の数値を見ただけでは、4つが同じ傾向であると誤って判断してしまう可能性があります。
データ分析を行うときには、基本統計量の算出だけでなく、データの視覚化も欠かすことのできない重要なステップになります。
次のStepから、データを視覚化するために役立つExcelの機能を確認しましょう。

Step2　ピボットテーブルを使って集計表を作成する

1　ピボットテーブルを使ったデータの要約

データの個数や合計、平均などデータ全体の要約を効率よく行うには「**ピボットテーブル**」が便利です。ピボットテーブルを使うと、行・列に項目を配置した「**クロス集計表**」を作成し、瞬時に要約を行うことができます。
ピボットテーブルを使って、ジューススタンドの7月の売上データを、分類や店舗、商品など様々な角度から要約して、どんな傾向があったのかを確認してみましょう。

File OPEN　ブック「第3章」を開いておきましょう。

Try!!　**操作しよう**

新しいシートにジュースの分類ごとの売上金額を集計するピボットテーブルを作成しましょう。分類は、行に配置します。

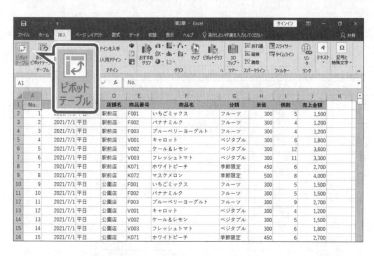

①シート「**7月**」のセル【A1】を選択します。
※表内のセルであれば、どこでもかまいません。

②《**挿入**》タブ→《**テーブル**》グループの  （ピボットテーブル）をクリックします。

《**ピボットテーブルの作成**》ダイアログボックスが表示されます。

③《**テーブルまたは範囲を選択**》を ⊙ にします。

④《**テーブル/範囲**》に「'7月'!$A$1:$J$488」と表示されていることを確認します。

⑤《**新規ワークシート**》を ⊙ にします。

⑥《**OK**》をクリックします。

新しいシートが挿入され、《ピボットテーブルの
フィールド》作業ウィンドウが表示されます。

⑦「分類」を《行》のボックスにドラッグします。

⑧「売上金額」を《値》のボックスにドラッグします。

ピボットテーブルが作成されます。

Check!! 結果を確認しよう

分類ごとの売上金額を集計すると、季節限定が最も多く、フルーツが次に多いことがわかります。

それでは、季節限定が多くの人に購入されているといえるでしょうか?

売上金額は、「単価×個数」の値です。売上金額が多くても、他の分類と比較して、売り上げた個数が多かったかどうかはわかりません。次に、個数に注目して確認してみましょう。

👆 POINT ピボットテーブル

ピボットテーブルは、「フィールド名」、「フィールド」、「レコード」から構成されるデータを用意し、フィールドを「行ラベルエリア」、「列ラベルエリア」、「値エリア」などに配置して作成します。

2 視点を変えた要約

ピボットテーブルの特徴は、その名前からもわかるように、大量のデータに対して任意の分析の軸「ピボット (pivot)」を設定して、「表 (table)」を作成できることです。

ピボットテーブルを作成したあとに、フィールドを追加したり削除したりして集計の対象を入れ替えて、異なる視点でデータを要約できます。見えなかった意外な傾向が見えてくるかもしれません。

1 フィールドの追加

ピボットテーブルに個数を追加して、分類ごとの売上の特徴を確認してみましょう。

Try!! 操作しよう

作成したピボットテーブルに個数の集計を追加しましょう。

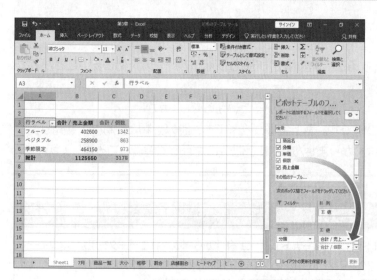

①シート「**Sheet1**」のセル【**A3**】を選択します。

※ピボットテーブル内のセルであれば、どこでもかまいません。

②《ピボットテーブルのフィールド》作業ウィンドウの「**個数**」を、《値》のボックスの「**合計/売上金額**」の下にドラッグします。

個数の合計が追加されます。

Check!! 結果を確認しよう

	A	B	C	D
1				
2				
3	行ラベル ▽	合計 / 売上金額	合計 / 個数	
4	フルーツ	402600	1342	
5	ベジタブル	258900	863	
6	季節限定	464150	973	
7	総計	1125650	3178	
8				

分類ごとの個数の合計は、フルーツが最も多く、季節限定が次に多くなっており、売上金額とは順序が逆であることがわかります。季節限定の商品の単価がフルーツよりも高いことが関係しているのかもしれません。

このように、1つの視点からだけでは判断が付かないこともあるため、複数の項目を組み合わせて集計表を作成するとよいでしょう。

2 フィールドの変更

視点を変更して、分類に加えて店舗ごとの売上の特徴を確認してみましょう。

Try!! 操作しよう

ピボットテーブルの売上金額の集計を削除し、列に店舗名を追加しましょう。

①シート「Sheet1」のセル【A3】を選択します。
※ピボットテーブル内のセルであれば、どこでもかまいません。

②《ピボットテーブルのフィールド》作業ウィンドウの《値》のボックスの「合計/売上金額」をクリックします。

③《フィールドの削除》をクリックします。

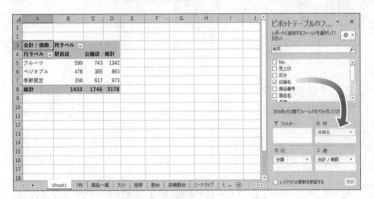

④《ピボットテーブルのフィールド》作業ウィンドウの「店舗名」を、《列》のボックスにドラッグします。

分類と店舗名ごとの個数を集計するクロス集計表が作成されます。

Check!! 結果を確認しよう

	A	B	C	D	E
1					
2					
3	合計 / 個数	列ラベル ▼			
4	行ラベル ▼	駅前店	公園店	総計	
5	フルーツ	599	743	1342	
6	ベジタブル	478	385	863	
7	季節限定	356	617	973	
8	総計	1433	1745	3178	
9					

クロス集計表を見ると、駅前店のフルーツは599個、公園店のフルーツは743個売れており、差は144個です。公園店は駅前店よりもフルーツの売れ行きが大変良いと結論づけてもよいでしょうか？

各店舗の総計が異なるため、単純に売上個数の数値だけを比較して売れ行きを判断することは適切ではありません。総計が異なっていても比較ができるように集計方法を変更してみることも重要です。

3 異なる集計方法で視点を変える

値エリアの集計方法は、値エリアに配置するフィールドのデータの種類によって異なります。初期の設定では、数値は**「合計」**、文字列と日付は**「データの個数」**が集計されます。単に数値の大きさだけで比較することが適切でないときには、割合を求めたり、平均を求めたりして比較します。店舗間の比較ができるよう、各店舗の売上個数の総計を100%とした割合で表示してみましょう。

Try!! 操作しよう

各店舗の売上個数の総計を100%として、各分類の売上個数の割合を確認しましょう。

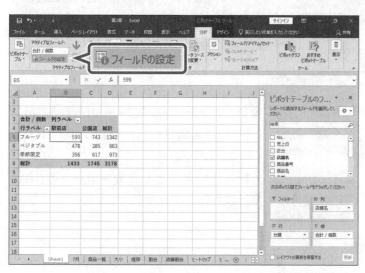

①シート「**Sheet1**」のセル【B5】を選択します。
※値エリアのセルであれば、どこでもかまいません。

②《分析》タブ→《アクティブなフィールド》グループの フィールドの設定 (フィールドの設定) をクリックします。

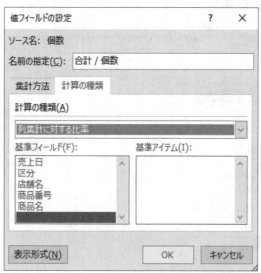

《値フィールドの設定》ダイアログボックスが表示されます。

③《計算の種類》タブを選択します。

④《計算の種類》の をクリックし、一覧から《列集計に対する比率》を選択します。

⑤《OK》をクリックします。

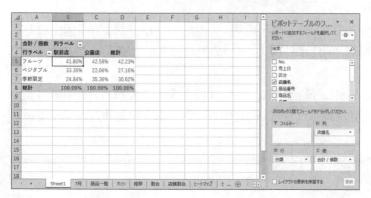

列集計に対する比率が表示されます。

Check!! 結果を確認しよう

	A	B	C	D	E
1					
2					
3	合計 / 個数	列ラベル ▽			
4	行ラベル ▽	駅前店	公園店	総計	
5	フルーツ	599	743	1342	
6	ベジタブル	478	385	863	
7	季節限定	356	617	973	
8	総計	1433	1745	3178	
9					

	A	B	C	D	E
1					
2					
3	合計 / 個数	列ラベル ▽			
4	行ラベル ▽	駅前店	公園店	総計	
5	フルーツ	41.80%	42.58%	42.23%	
6	ベジタブル	33.36%	22.06%	27.16%	
7	季節限定	24.84%	35.36%	30.62%	
8	総計	100.00%	100.00%	100.00%	
9					

個数そのものを比較した結果、駅前店のフルーツは599個、公園店のフルーツは743個でした。各店舗の総計を100%とした割合を見ると、駅前店のフルーツは駅前店全体の売上個数のうち41.80%、公園店のフルーツは公園店全体の売上個数のうち42.58%を占めていることがわかります。2店舗を比較すると、フルーツが占める割合に大きな差はありません。このように見ていくと、公園店は駅前店よりもフルーツの売れ行きが大変良いとは判断できません。

次は、分類だけでなく商品ごとの視点も加えてみましょう。

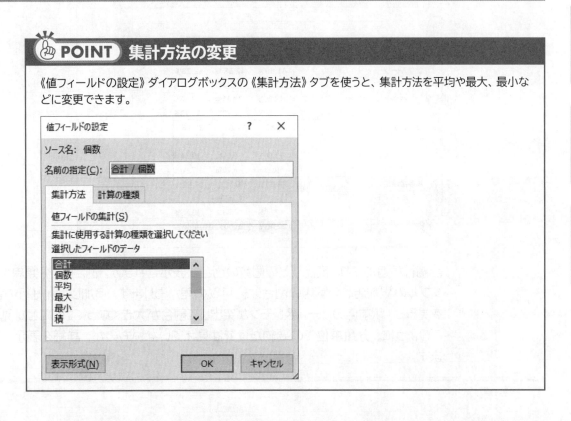

👆POINT 集計方法の変更

《値フィールドの設定》ダイアログボックスの《集計方法》タブを使うと、集計方法を平均や最大、最小などに変更できます。

4 詳細の分析

分析を行うときには、大きな視点から詳細な視点の順で見ると、データの全体像を把握しやすくなります。

先ほどの操作では、分類と店舗ごとの個数のクロス集計表を作成しました。このクロス集計表にさらに項目を追加したり、詳細データを表示したりして、詳しく確認してみましょう。

1 詳細行の追加

ピボットテーブルの行ラベルエリアや列ラベルエリアに複数のフィールドを配置すると、下側に追加したフィールドが詳細行として表示されます。

Try!! 操作しよう

ピボットテーブルの行に商品名を追加しましょう。

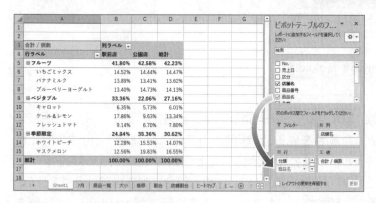

① シート「**Sheet1**」のセル【**A3**】を選択します。
※ピボットテーブル内のセルであれば、どこでもかまいません。

② 《**ピボットテーブルのフィールド**》作業ウィンドウの「**商品名**」を、《**行**》のボックスの「**分類**」の下にドラッグします。

各分類の詳細行として「**商品名**」が追加されます。

Check!! 結果を確認しよう

	A	B	C	D	E	F
1						
2						
3	合計 / 個数	列ラベル				
4	行ラベル	駅前店	公園店	総計		
5	⊟フルーツ	**41.80%**	**42.58%**	**42.23%**		
6	いちごミックス	14.52%	14.44%	14.47%		
7	バナナミルク	13.89%	13.41%	13.62%		
8	ブルーベリーヨーグルト	13.40%	14.73%	14.13%		
9	⊟ベジタブル	**33.36%**	**22.06%**	**27.16%**		
10	キャロット	6.35%	5.73%	6.01%		
11	ケール＆レモン	17.86%	9.63%	13.34%		
12	フレッシュトマト	9.14%	6.70%	7.80%		
13	⊟季節限定	**24.84%**	**35.36%**	**30.62%**		
14	ホワイトピーチ	12.28%	15.53%	14.07%		
15	マスクメロン	12.56%	19.83%	16.55%		
16	総計	100.00%	100.00%	100.00%		
17						

詳細行が追加され、商品ごとの個数の割合が表示されます。例えば、分類単位で見るとベジタブルの駅前店と公園店の割合は約11%の差があります。追加した詳細行の各商品の割合を見ると、駅前店のケール＆レモンが突出して割合が大きくなっていることが見えてきます。

このように、分類単位での要約だけでは見えていないものが、詳細を表示すると見えてきます。

2 詳細データの表示

要約したクロス集計表に気になる値があった場合、ピボットテーブルのその値のセルをダブルクリックすると新しいシートに詳細データを表示できます。

Try!! 操作しよう

駅前店と公園店のケール&レモンの詳細データをそれぞれ表示し、個数の降順に並べ替えましょう。シート名は「駅前店詳細」、「公園店詳細」に変更します。

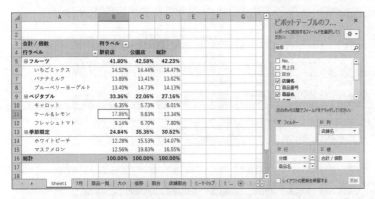

①駅前店のケール&レモンの値（セル【B11】）をダブルクリックします。

新しいシートに詳細データが表示されます。
※列幅を調整しておきましょう。
②「個数」の ▼ をクリックします。
③《降順》をクリックします。

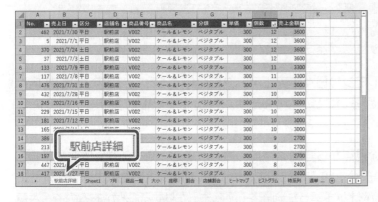

個数の降順に並び替わります。
④シート「Sheet2」のシート見出しをダブルクリックします。
⑤「駅前店詳細」と入力します。

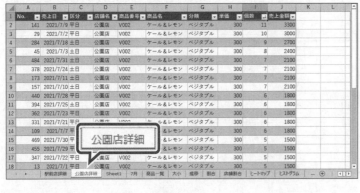

⑥同様に公園店のケール&レモンの詳細データを個数の降順に表示し、シート名を変更します。
※次の操作のために、シート「Sheet1」を表示しておきましょう。

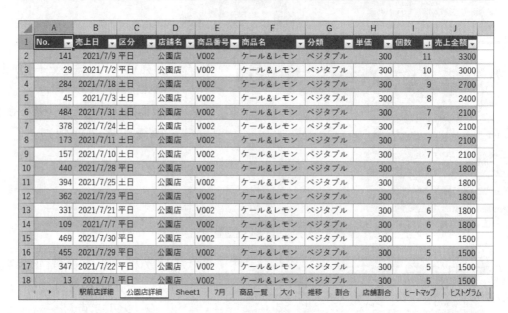

Check!! 結果を確認しよう

	A	B	C	D	E	F	G	H	I	J	
1	No.	売上日	区分	店舗名	商品番号	商品名	分類	単価	個数	売上金額	
2	462	2021/7/30	平日	駅前店	V002	ケール＆レモン	ベジタブル	300	12	3600	
3	5	2021/7/1	平日	駅前店	V002	ケール＆レモン	ベジタブル	300	12	3600	
4	370	2021/7/24	土日	駅前店	V002	ケール＆レモン	ベジタブル	300	12	3600	
5	37	2021/7/3	土日	駅前店	V002	ケール＆レモン	ベジタブル	300	12	3600	
6	133	2021/7/9	平日	駅前店	V002	ケール＆レモン	ベジタブル	300	11	3300	
7	117	2021/7/8	平日	駅前店	V002	ケール＆レモン	ベジタブル	300	11	3300	
8	476	2021/7/31	土日	駅前店	V002	ケール＆レモン	ベジタブル	300	10	3000	
9	432	2021/7/28	平日	駅前店	V002	ケール＆レモン	ベジタブル	300	10	3000	
10	245	2021/7/16	平日	駅前店	V002	ケール＆レモン	ベジタブル	300	10	3000	
11	229	2021/7/15	平日	駅前店	V002	ケール＆レモン	ベジタブル	300	10	3000	
12	181	2021/7/12	平日	駅前店	V002	ケール＆レモン	ベジタブル	300	10	3000	
13	165	2021/7/11	土日	駅前店	V002	ケール＆レモン	ベジタブル	300	10	3000	
14	386	2021/7/25	土日	駅前店	V002	ケール＆レモン	ベジタブル	300	9	2700	
15	213	2021/7/14	平日	駅前店	V002	ケール＆レモン	ベジタブル	300	9	2700	
16	197	2021/7/13	平日	駅前店	V002	ケール＆レモン	ベジタブル	300	9	2700	
17	447	2021/7/29	平日	駅前店	V002	ケール＆レモン	ベジタブル	300	8	2400	
18	417	2021/7/27	平日	駅前店	V002	ケール＆レモン	ベジタブル	300	8	2400	

駅前店詳細 | 公園店詳細 | Sheet1 | 7月 | 商品一覧 | 大小 | 推移 | 割合 | 店舗割合 | ヒートマップ | ヒストグラム

	A	B	C	D	E	F	G	H	I	J	
1	No.	売上日	区分	店舗名	商品番号	商品名	分類	単価	個数	売上金額	
2	141	2021/7/9	平日	公園店	V002	ケール＆レモン	ベジタブル	300	11	3300	
3	29	2021/7/2	平日	公園店	V002	ケール＆レモン	ベジタブル	300	10	3000	
4	284	2021/7/18	土日	公園店	V002	ケール＆レモン	ベジタブル	300	9	2700	
5	45	2021/7/3	土日	公園店	V002	ケール＆レモン	ベジタブル	300	8	2400	
6	484	2021/7/31	土日	公園店	V002	ケール＆レモン	ベジタブル	300	7	2100	
7	378	2021/7/24	土日	公園店	V002	ケール＆レモン	ベジタブル	300	7	2100	
8	173	2021/7/11	土日	公園店	V002	ケール＆レモン	ベジタブル	300	7	2100	
9	157	2021/7/10	土日	公園店	V002	ケール＆レモン	ベジタブル	300	7	2100	
10	440	2021/7/28	平日	公園店	V002	ケール＆レモン	ベジタブル	300	6	1800	
11	394	2021/7/25	土日	公園店	V002	ケール＆レモン	ベジタブル	300	6	1800	
12	362	2021/7/23	平日	公園店	V002	ケール＆レモン	ベジタブル	300	6	1800	
13	331	2021/7/21	平日	公園店	V002	ケール＆レモン	ベジタブル	300	6	1800	
14	109	2021/7/7	平日	公園店	V002	ケール＆レモン	ベジタブル	300	6	1800	
15	469	2021/7/30	平日	公園店	V002	ケール＆レモン	ベジタブル	300	5	1500	
16	455	2021/7/29	平日	公園店	V002	ケール＆レモン	ベジタブル	300	5	1500	
17	347	2021/7/22	平日	公園店	V002	ケール＆レモン	ベジタブル	300	5	1500	
18	13	2021/7/1	平日	公園店	V002	ケール＆レモン	ベジタブル	300	5	1500	

駅前店詳細 | 公園店詳細 | Sheet1 | 7月 | 商品一覧 | 大小 | 推移 | 割合 | 店舗割合 | ヒートマップ | ヒストグラム

駅前店と公園店のケール&レモンの日々の売上データを比較すると、公園店より駅前店は10個以上売り上げている日が多いことがわかります。また、特定の日に集中することなく、コンスタントに売上が高い傾向にあることもわかります。

分析を行うときには、大きな視点から詳細な視点の順で見ると、データの全体像が把握しやすくなります。先に詳細な部分を重点的に見てしまうと、勘違いをしたまま分析を進めてしまったり、大きな流れに気が付かず誤った判断をしてしまったりすることがあるので、注意しましょう。

POINT フィールドのグループ化

行や列に配置した日付フィールドは、必要に応じて、日単位、月単位、年単位などにグループ化して集計できます。数値フィールドは、10単位、100単位のようにグループ化して集計できます。
例えば、日付を7日ごとにグループ化して各週の値を比較したり、年齢をグループ化して各年代の値を比較したりすることができます。

◆《分析》タブ→《グループ》グループの [7] フィールドのグループ化 （フィールドのグループ化）

POINT データの更新

ピボットテーブルと、もとになるデータは連動しています。もとになるデータを変更した場合には、ピボットテーブルのデータを更新して、最新の集計結果を表示します。

◆《分析》タブ→《データ》グループの [ ] （更新）

また、詳細データはもとのデータと連動していません。更新が必要な場合は、再度、詳細データのシートを作成します。

STEP UP フィールドの展開/折りたたみ

列ラベルエリアや行ラベルエリアにフィールドを複数配置すると、自動的に [－] が表示されます。
[－] をクリックすると詳細が折りたたまれ、[＋] をクリックすると展開されます。
また、《分析》タブ→《アクティブなフィールド》グループの [ ] （フィールドの折りたたみ）や [ ]
（フィールドの展開）をクリックすると、まとめて折りたたみや展開ができます。

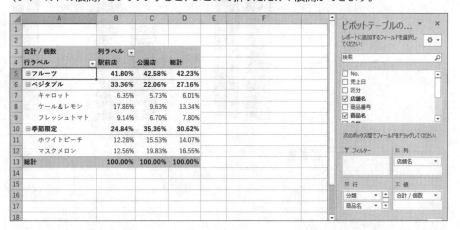

Step3 データの大小・推移・割合を視覚化する

1 グラフによる視覚化

データを視覚化するときには、「**グラフ**」がよく使われます。グラフを使うと、データの大きさや差、推移などがわかりやすくなり、見ただけで全体の傾向がつかめるというメリットがあります。

グラフには、棒グラフ、折れ線グラフ、円グラフなど様々な種類があり、それぞれに特徴があります。見た人にわかりやすく、正確な情報を伝えるためには、分析する目的にあった最適なグラフを選ぶ必要があります。

	A	B	C	D	E
1					
2					
3	合計 / 個数	列ラベル ▼			
4	行ラベル ↓	駅前店	公園店	総計	
5	フルーツ	599	743	1342	
6	季節限定	356	617	973	
7	ベジタブル	478	385	863	
8	総計	1433	1745	3178	
9					

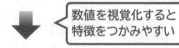

数値を視覚化すると
特徴をつかみやすい

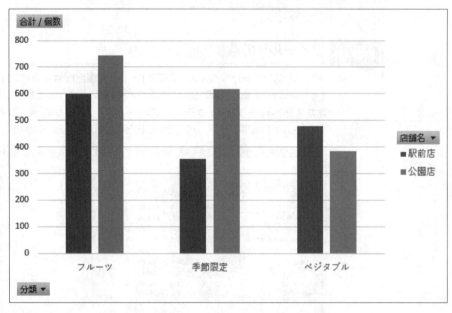

2 棒グラフを使った大小の比較

項目間の大小の比較に適しているのは「**棒グラフ**」です。データの大きさを棒の長さで把握できます。

名前順、時間順、データの多い順など、一定の基準に沿って並べ替えてからグラフを作成するとよいでしょう。

棒グラフには、次のような種類があります。また、「**縦棒グラフ**」と「**横棒グラフ**」があります。項目数が多い場合や項目名が長い場合は、横棒グラフを使うと見やすくなります。

●棒グラフ

1つの項目に1本の棒を配置し、棒の大小で項目を比較します。

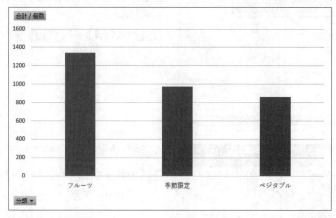

●集合棒グラフ

1つの項目に複数の棒を配置し、同じグループ内で複数の項目を比較します。

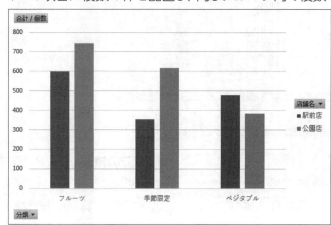

●積み上げ棒グラフ

1つの項目に複数のデータを積み上げた1本の棒を配置し、項目ごとの合計値と内訳を同時に比較します。

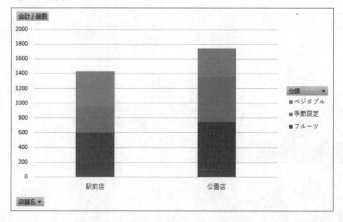

1 棒グラフの作成

ここでは、ピボットテーブルをもとにピボットグラフを作成します。

Try!! **操作しよう**

シート「**大小**」に分類ごとの個数を表す縦棒グラフを作成して、個数の大小を比較しましょう。縦棒は個数の降順で表示します。

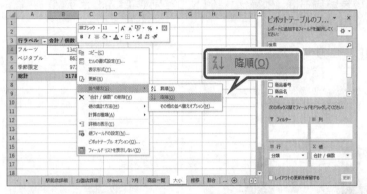

①シート「**大小**」のセル【B4】を右クリックします。

※ピボットテーブル内のセルであれば、どこでもかまいません。

②《**並べ替え**》→《**降順**》をクリックします。

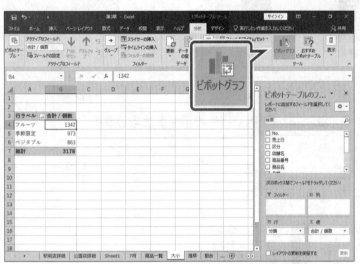

個数の降順に並び替わります。

③《**分析**》タブ→《**ツール**》グループの　（ピボットグラフ）をクリックします。

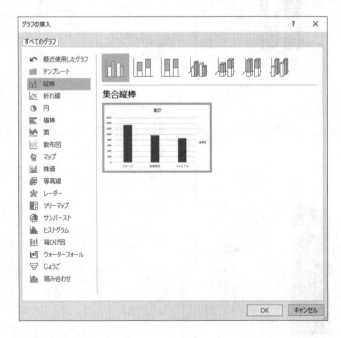

《**グラフの挿入**》ダイアログボックスが表示されます。

④左側の一覧から《**縦棒**》を選択します。

⑤右側の一覧から《**集合縦棒**》を選択します。

⑥《**OK**》をクリックします。

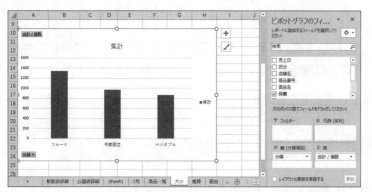

グラフが作成されます。
※グラフの位置とサイズを調整しておきましょう。

Check!! 結果を確認しよう

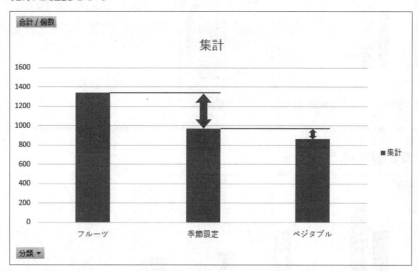

分類ごとの売上個数を比較すると、フルーツが最も多いことが視覚的にはっきりします。フルーツと季節限定の差は、季節限定とベジタブルの差よりも大きいことが、グラフの棒の長さから判断できます。

POINT ピボットグラフ

ピボットテーブルをもとに作成したグラフを「ピボットグラフ」といいます。ピボットグラフは、アクティブセルがピボットテーブル内にあるだけで、範囲選択をしなくても簡単に作成できます。また、ピボットテーブルと同様に、ドラッグするだけで簡単に項目を入れ替えたり、必要なデータだけを表示したりできます。

◆《分析》タブ→《ツール》グループの ┃┃ (ピボットグラフ)

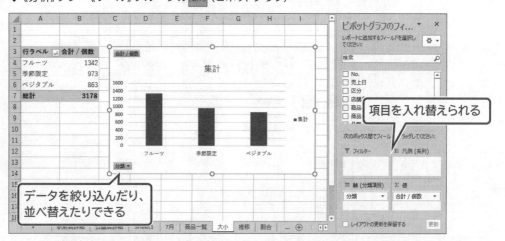

2 系列の追加

縦棒グラフに店舗名の系列を追加します。ピボットグラフでは、ピボットテーブルと同様に
《ピボットグラフのフィールド》作業ウィンドウを使って、フィールドを追加できます。

Try!! 操作しよう

ピボットグラフに店舗名の系列を追加し、個数の大小を比較しましょう。

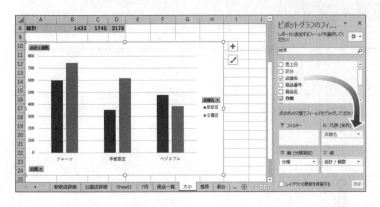

①ピボットグラフを選択します。

②《ピボットグラフのフィールド》作業ウィンド
ウの「**店舗名**」を、《**凡例（系列）**》のボック
スにドラッグします。

グラフに店舗名の系列が追加されます。

Check!! 結果を確認しよう

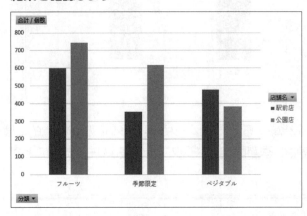

フルーツと季節限定の売上個数は、公園店が駅前店よりも多く、ベジタブルは逆であることが
わかります。ベジタブルは2店舗の差が小さく、季節限定は差が大きいことが読み取れます。

STEP UP グラフの種類の変更

グラフを作成したあとに、グラフの種類を変更できます。

◆《デザイン》タブ→《種類》グループの ■ （グラフの種類の変更）

3 棒グラフの注意点

棒グラフを作成する際には、次のような点に注意しましょう。

●軸ラベル

縦軸や横軸に配置した項目がわかるように、軸ラベルを表示するとよいでしょう。

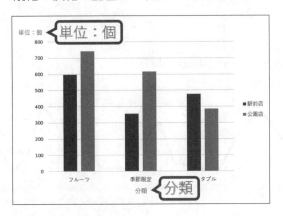

●数値軸の原点（最小値）

原点が0でない場合、データの差が実際よりも強調されて見えたり、他のグラフと比較したときに誤った判断をしてしまったりすることがあります。例えば、右側のグラフは、最小値が800になっています。左側のグラフと比較すると、差がとても大きく見えてしまいます。

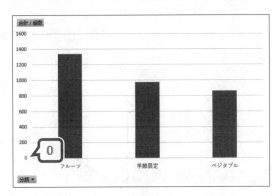
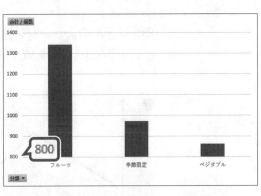

👆 POINT グラフの作成

ピボットテーブルではないセル範囲からグラフを作成する方法は次のとおりです。

◆グラフのもとになるセル範囲を選択→《挿入》タブ→《グラフ》グループ

3 折れ線グラフを使った推移の把握

時間の経過によるデータの推移を見るのに適しているのは「**折れ線グラフ**」です。データの増減を折れ線の角度から把握できます。

●折れ線グラフ

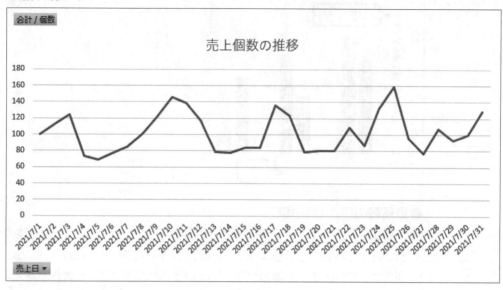

例えば、次のような例を見てみましょう。どちらも同じように山型の折れ線グラフですが、どのような違いがあるでしょうか?

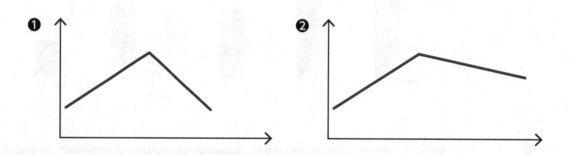

❶のグラフは、急激にピークを迎えたあと、急激に落ち込んでいます。❷のグラフは、急激にピークを迎えたあと、ゆるやかに下がっています。同じ山型の折れ線グラフであっても、傾向が異なることがわかります。❶と❷のピークの部分からの落ち込みの理由を分析することでヒントが得られる可能性があります。実際に分析をしてみなければわかりませんが、❶ではピークの部分で減少に転じる大きな出来事があったかもしれません。❷では、ピークを迎えたあと、これ以上は成長の余地がないなどの理由が考えられるかもしれません。

このように、折れ線グラフでは、線の角度、山と谷の数などによって、データの推移と変化の度合いを把握することができます。

なお、系列が複数あり、線の数が多くなる場合は、区別が付きやすいように色を工夫したり、線の種類を使い分けたりして、グラフを見やすくするとよいでしょう。

1 折れ線グラフの作成

折れ線グラフを作成して個数の推移を確認します。

T**ry**!! **操作しよう**

シート「推移」に折れ線グラフを作成して、1か月間の個数の推移を確認しましょう。

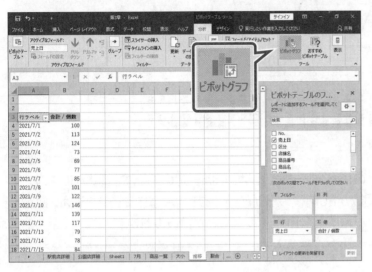

①シート「**推移**」のセル【**A3**】を選択します。

※ピボットテーブル内のセルであれば、どこでもかまいません。

②《**分析**》タブ→《**ツール**》グループの (ピボットグラフ) をクリックします。

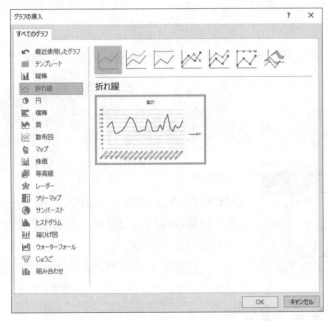

《**グラフの挿入**》ダイアログボックスが表示されます。

③左側の一覧から《**折れ線**》を選択します。

④右側の一覧から《**折れ線**》を選択します。

⑤《**OK**》をクリックします。

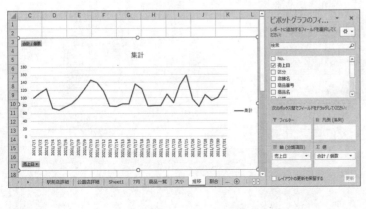

グラフが作成されます。

※グラフの位置とサイズを調整しておきましょう。

Check!! 結果を確認しよう

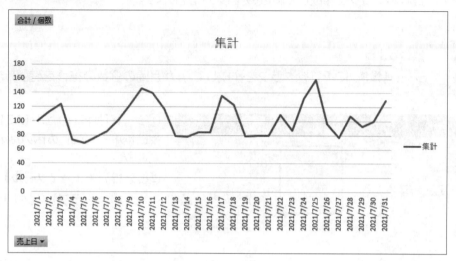

折れ線グラフには、いくつかの山があります。山は、ほぼ一定の間隔で出現しています。グラフの角度に着目すると、個数が80前後の日が続いたあと、急激にピークを迎え、急激に落ち込んでいる、という動きが繰り返し出現していることが読み取れます。

2 系列の追加

さらに、詳細の傾向を見るため、折れ線グラフに店舗名の系列を追加します。

Try!! 操作しよう

ピボットグラフに店舗名の系列を追加し、個数の推移を比較しましょう。

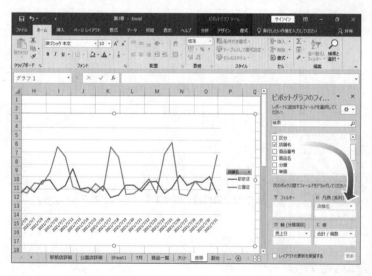

① ピボットグラフを選択します。

② 《ピボットグラフのフィールド》作業ウィンドウの「店舗名」を、《凡例（系列）》のボックスにドラッグします。

グラフに店舗名の系列が追加されます。

※グラフの位置とサイズを調整しておきましょう。

Check!! 結果を確認しよう

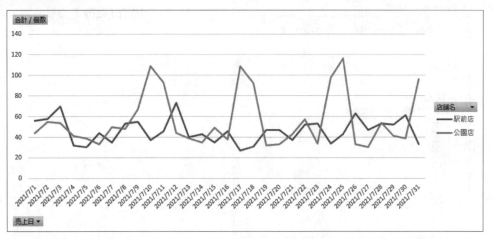

公園店のグラフの山は、急な角度で増減がくっきり表れています。これに対し、駅前店は、急激な増減は比較的少ないように見えます。このことから、駅前店は毎日安定した個数を売り上げていることがわかります。

さらに、2店舗の折れ線グラフの動きを比較すると、公園店がピークの日は、駅前店は少し落ち込んでいるように見えます。

3 曜日の表示

公園店の個数がピークで、駅前店の個数が少し落ち込んでいる日に着目してみます。7月10日、17日…、あたりが該当します。曜日を確認してみましょう。

Try!! 操作しよう

グラフの横軸の表示形式を変更して、売上日の曜日を表示しましょう。表示形式は「m/d（aaa）」にします。

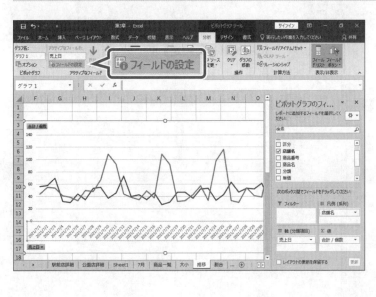

①グラフの横軸を選択します。

②《分析》タブ→《アクティブなフィールド》グループの フィールドの設定 （フィールドの設定）をクリックします。

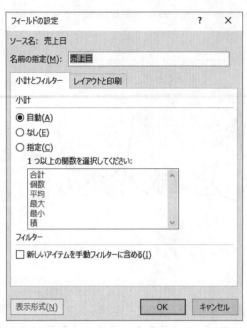

《フィールドの設定》ダイアログボックスが表示されます。

③《表示形式》をクリックします。

《セルの書式設定》ダイアログボックスが表示されます。

④《分類》の《ユーザー定義》をクリックします。

⑤《種類》に「m/d (aaa)」と入力します。

※半角で入力します。

⑥《OK》をクリックします。

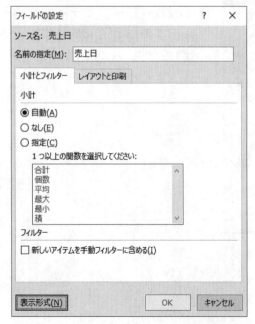

《フィールドの設定》ダイアログボックスに戻ります。

⑦《OK》をクリックします。

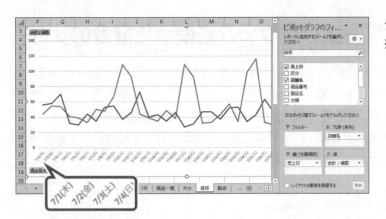

グラフの横軸に曜日が表示されます。
※グラフのサイズを調整しておきましょう。

Check!! 結果を確認しよう

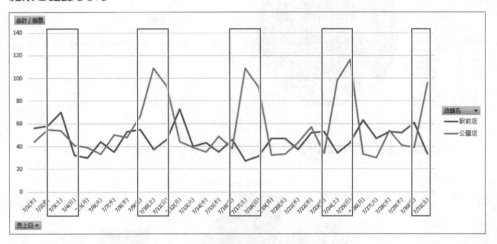

公園店の個数がピークで、駅前店の個数が少し落ち込んでいる日は、土曜日、日曜日であることが確認できます。このことから、公園店は、土曜日、日曜日に売上個数が多いことがわかります。また、公園店ほど大きな差はないものの、駅前店は土曜日、日曜日に少し売上個数が少ない傾向があることがわかります。

4 折れ線グラフの注意点

棒グラフと同様に、縦軸や横軸に配置した項目がわかるように、軸ラベルを表示するとよいでしょう。
また、特別な事情がなければ、原点を0以外に変更しないようにします。

👆 POINT ユーザー定義の表示形式

ユーザーが独自に表示形式を定義することができます。数値に単位を付けて表示したり、日付に曜日を付けて表示したりして、見え方を変更できます。

●日付の表示形式の例

表示形式	入力データ	表示結果	備考
yyyy/m/d (aaa)	2021/4/1	2021/4/1 (木)	
yyyy/mm/dd (aaa)	2021/4/1	2021/04/01 (木)	月日が1桁の場合、「0」を付けて表示します。

4 円グラフ、100%積み上げ棒グラフを使った割合の比較

各項目の比率や内訳を示すのに適しているのは「**円グラフ**」です。1つの円を扇形に分割し、その面積によって割合を表します。通常、割合の大きい順に時計周りで配置します。ただし、年代のように順序に意味がある場合は、割合の大きい順にする必要はありません。円グラフの項目数は、2〜8個程度までとします。それ以上多くなる場合は、割合の小さいデータを「その他」としてまとめて表示するか、補助グラフを使うとよいでしょう。

● 円グラフ

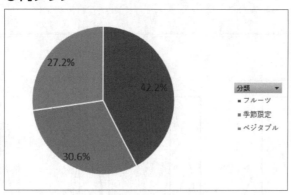

● 補助グラフ付き円グラフ

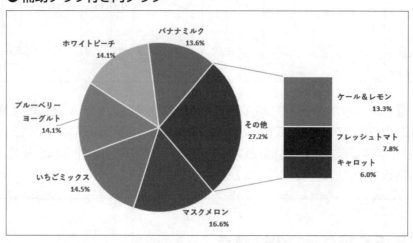

また、複数の系列を比較するときは、「**100%積み上げ棒グラフ**」を使って視覚化するとよいでしょう。100%積み上げ棒グラフは、「**帯グラフ**」ともいいます。

● 100%積み上げ棒グラフ（帯グラフ）

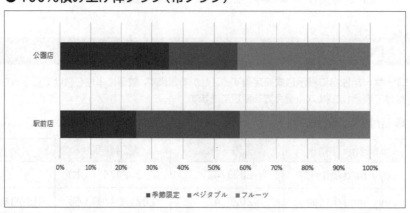

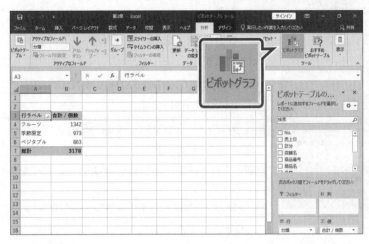

1 円グラフの作成

円グラフを作成し、分類ごとの売上個数の割合を比較してみましょう。

Try!! 操作しよう

シート「割合」に円グラフを作成し、分類ごとの売上個数の割合を比較しましょう。データラベルをグラフの内部外側に表示し、小数第1位までのパーセントにします。

①シート「**割合**」のセル【A3】を選択します。

※ピボットテーブル内のセルであれば、どこでもかまいません。

※ピボットテーブルはB列の個数の降順で表示されています。

②《**分析**》タブ→《**ツール**》グループの （ピボットグラフ）をクリックします。

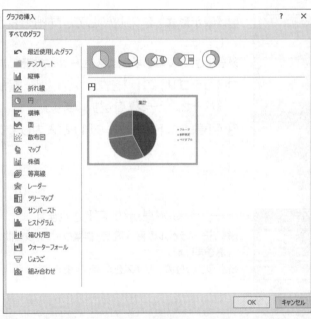

《**グラフの挿入**》ダイアログボックスが表示されます。

③左側の一覧から《**円**》を選択します。

④右側の一覧から《**円**》を選択します。

⑤《**OK**》をクリックします。

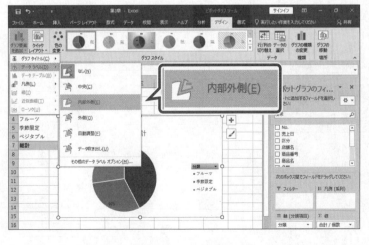

グラフが作成されます。

⑥《**デザイン**》タブ→《**グラフのレイアウト**》グループの （グラフ要素を追加）→《**データラベル**》→《**内部外側**》をクリックします。

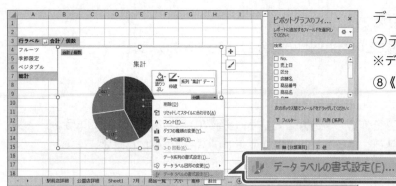

データラベルが表示されます。

⑦データラベルを右クリックします。

※データラベルであれば、どれでもかまいません。

⑧《データラベルの書式設定》をクリックします。

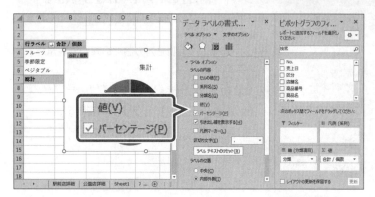

《データラベルの書式設定》作業ウィンドウが表示されます。

⑨《ラベルオプション》の ▮ (ラベルオプション) をクリックします。

⑩《ラベルオプション》の詳細が表示されていることを確認します。

※表示されていない場合は、《ラベルオプション》をクリックします。

⑪《ラベルの内容》の《パーセンテージ》を ☑、《値》を ☐ にします。

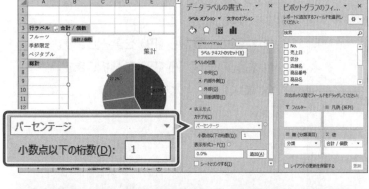

⑫《表示形式》をクリックして、詳細を表示します。

※表示されていない場合は、スクロールして調整します。

⑬《カテゴリ》の ▼ をクリックし、一覧から《パーセンテージ》を選択します。

⑭《小数点以下の桁数》に「1」と入力します。

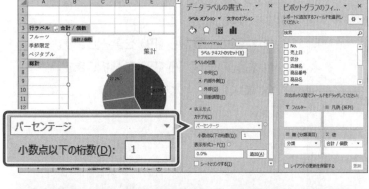

データラベルの表示が変更されます。

※《データラベルの書式設定》作業ウィンドウを閉じておきましょう。

※グラフの位置とサイズを調整しておきましょう。

Check!! 結果を確認しよう

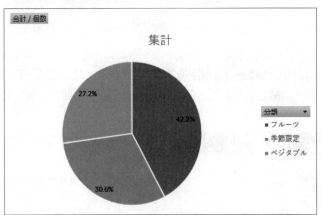

分類ごとの売上個数の割合が確認できます。フルーツが全体の42.2%を占めており、重要な商品分類であることがわかります。

2 円グラフの注意点

円グラフを確認する際には、次のような点に注意しましょう。

●値の比較

円グラフは割合を中心の角度で割り振るため、扇形の面積の差が大きくなる傾向があります。正確に値を比較する場合には、パーセント値をよく見るようにします。

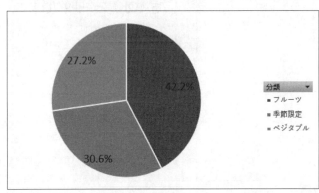

●3-D円グラフ

3-D円グラフは、奥行きを持たせたグラフです。
下のグラフを見ると、フルーツは42.2%、季節限定は30.6%ですが、手前が大きく奥が小さく表示されるため、フルーツと季節限定が同じくらいに見えます。数値は正しいのですが、客観的に判断する場合にはあまり向いていません。

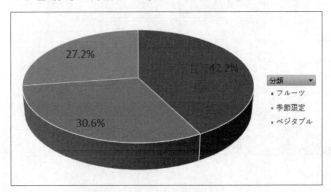

3 100%積み上げ棒グラフの作成

100%積み上げ棒グラフを作成し、2店舗の割合を比較してみましょう。

Try!! 操作しよう

シート「**店舗割合**」に、100%積み上げ横棒グラフを作成し、2店舗の売上個数の割合を比較しましょう。縦軸に「**店舗名**」、凡例に「**分類**」を表示し、凡例の位置は「**下**」にします。

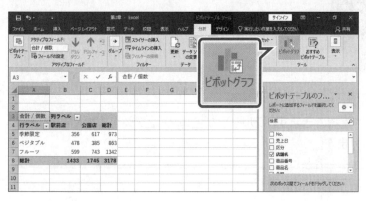

①シート「**店舗割合**」のセル【A3】を選択します。

※ピボットテーブル内のセルであれば、どこでもかまいません。

②《**分析**》タブ→《**ツール**》グループの （ピボットグラフ）をクリックします。

《**グラフの挿入**》ダイアログボックスが表示されます。

③左側の一覧から《**横棒**》を選択します。

④右側の一覧から《**100%積み上げ横棒**》を選択します。

⑤《**OK**》をクリックします。

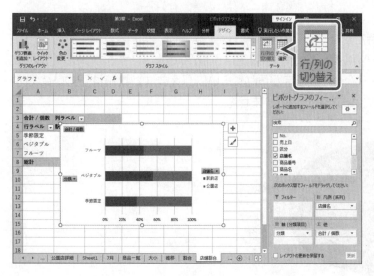

グラフが作成されます。

⑥《**デザイン**》タブ→《**データ**》グループの （行/列の切り替え）をクリックします。

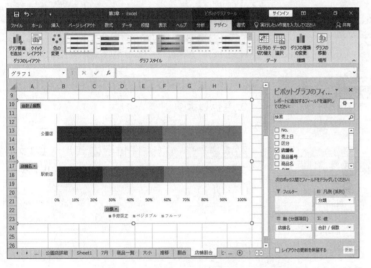

《ピボットグラフのフィールド》作業ウィンドウの《凡例 (系列)》と《軸 (分類項目)》が入れ替わり、グラフにも反映されます。

⑦《デザイン》タブ→《グラフのレイアウト》グループの （グラフ要素を追加）→《凡例》→《下》をクリックします。

凡例の位置が変更されます。

※グラフの位置とサイズを調整しておきましょう。

Check!! 結果を確認しよう

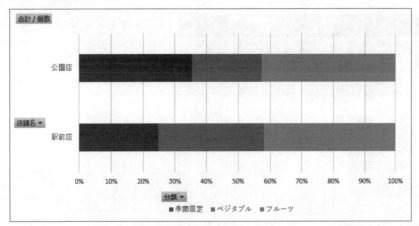

公園店は、フルーツ、季節限定、ベジタブルの順で売上個数の割合が大きいです。駅前店は、フルーツ、ベジタブル、季節限定の順で売上個数の割合が大きいです。2店舗を比較すると、フルーツはあまり差がありません。駅前店は、定番商品のフルーツとベジタブルで売上の70%以上を占め、季節限定の割合が小さいのに対し、公園店は季節限定の割合が大きく、2店舗の売上傾向が異なることがわかります。

Step4 ヒートマップを使って視覚化する

1 カラースケールによる視覚化

データを視覚化するには、データの大小を色の濃淡で表す「**ヒートマップ**」もよく使われます。ヒートマップは個々のデータの比較にはあまり適していませんが、データ全体の傾向をひと目で把握することに適しています。「**条件付き書式**」の「**カラースケール**」を使って、セルを色分けしたヒートマップを作成できます。

Try!! 操作しよう

シート「**ヒートマップ**」に、「**赤、白のカラースケール**」を適用したヒートマップを作成し、売上個数の傾向を確認しましょう。

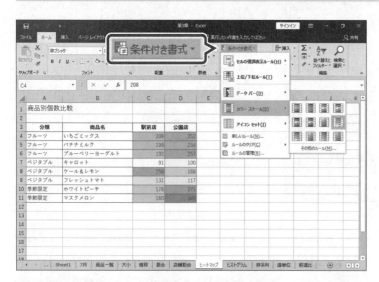

①シート「**ヒートマップ**」のセル範囲【**C4:D11**】を選択します。

②《**ホーム**》タブ→《**スタイル**》グループの ■条件付き書式 ▼ （条件付き書式）→《**カラースケール**》→《**赤、白のカラースケール**》をクリックします。

ヒートマップが作成されます。

Check!! 結果を確認しよう

	A	B	C	D	E
1	商品別個数比較				
2					
3	分類	商品名	駅前店	公園店	
4	フルーツ	いちごミックス	208	252	
5	フルーツ	バナナミルク	199	234	
6	フルーツ	ブルーベリーヨーグルト	192	257	
7	ベジタブル	キャロット	91	100	
8	ベジタブル	ケール＆レモン	256	168	
9	ベジタブル	フレッシュトマト	131	117	
10	季節限定	ホワイトピーチ	176	271	
11	季節限定	マスクメロン	180	346	
12					

「**赤、白のカラースケール**」を適用すると、値の大きいセルが濃い赤、値の小さいセルが白となる濃淡で色分けされます。

列方向に、店舗を比較してみると、公園店に濃い赤のセルが多いため、売上個数が多い傾向にあることがわかります。

行方向に、分類、商品名を比較してみると、ベジタブルの3商品のセルの色が薄いので、売上個数が少ない傾向にあることがわかります。さらにベジタブルの中でも、キャロットとフレッシュトマトは2店舗ともセルの色が薄いですが、ケール＆レモンはセルの色が濃い様子が目立ちます。ケール＆レモンは、ベジタブルの中では売れ筋であるといえます。

👆POINT カラースケールの詳細設定

《ホーム》タブ→《スタイル》グループの 📋条件付き書式▼ （条件付き書式）→《カラースケール》→《ルールの管理》を使うと、色分けのルールを細かく設定することができます。カラースケールは、2色または3色のスケールから選択でき、最小値、中間値、最大値の値や色を設定できます。

多くの色を使ってカラフルにし過ぎると、判断の邪魔になるので、シンプルな濃淡を選択するとよいでしょう。

また、色にはイメージがあります。例えば、気温のデータならば、低い（寒い）ときには青のような寒色、高い（暖かい）ときには赤のような暖色がよく使われます。逆の色使いをしてしまうと、見る側が混乱する場合があるため注意しましょう。

1 ヒストグラムによる視覚化

「ヒストグラム」もデータ分析で重要な手法です。ヒストグラムは、データ範囲を区間で区切り、その区間内にデータがいくつあるかを視覚化します。代表値だけでは判断が付きにくいデータのばらつきや全体の傾向を確認することができます。ヒストグラムは、グラフの機能を使って、簡単に作成できます。

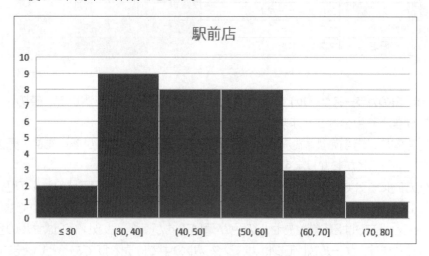

1 ヒストグラムの作成

売上個数のばらつきを視覚化しましょう。

Try!! 操作しよう

シート「ヒストグラム」に、駅前店の売上個数のばらつきを表すヒストグラムを作成しましょう。

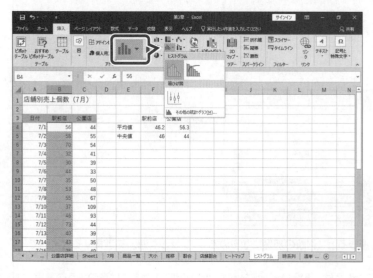

① シート「ヒストグラム」のセル範囲【B4:B34】を選択します。
② 《挿入》タブ→《グラフ》グループの　(統計グラフの挿入) →《ヒストグラム》の《ヒストグラム》をクリックします。

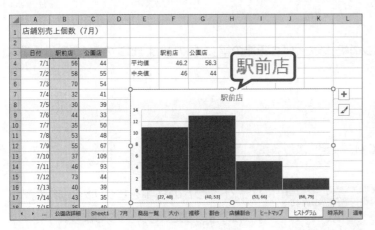

ヒストグラムが作成されます。

③《グラフタイトル》を「駅前店」に修正します。

※グラフの位置とサイズを調整しておきましょう。

Check!! 結果を確認しよう

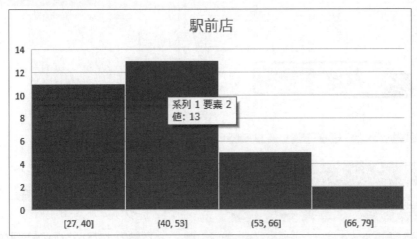

ヒストグラムでは、まず山がある部分に着目します。このデータでは、左側から2つ目の区間が最も大きいです。横軸の [40,53] は、売上個数が40個から53個までの区間を意味しています。系列をポイントすると、「値:13」と表示され、40個から53個の日数が13であることがわかります。平均は46.2なので、この区間に含まれます。また、左側の2区間で1か月の半数以上の日数を占めています。

しかし、区間幅は自動で設定されており、ヒストグラムの棒の数が少ないため、細かな分布は視覚化されていません。より詳細にデータの傾向を確認するには、区間幅や棒の数を変更してみるとよいでしょう。

2 区間幅の変更

ヒストグラムの区間幅は「**ビンの幅**」または「**ごみ箱の幅**」、棒の数は「**ビンの数**」または「**ごみ箱の数**」で設定します。

Try!! 操作しよう

ヒストグラムの区間幅を「10」に設定しましょう。

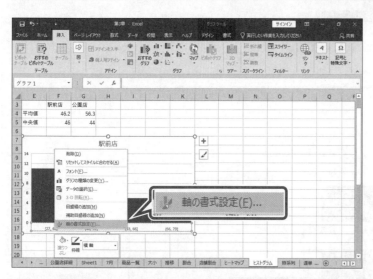

①ヒストグラムの横軸を右クリックします。

②《軸の書式設定》をクリックします。

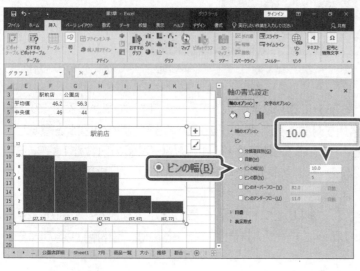

《軸の書式設定》作業ウィンドウが表示されます。

③《軸のオプション》の （軸のオプション）をクリックします。

④《軸のオプション》の詳細が表示されていることを確認します。

※表示されていない場合は、《軸のオプション》をクリックします。

⑤ 2019

《ビン》の《ビンの幅》を ◉ にし、「10」と入力します。

2016

《ごみ箱》の《ごみ箱の幅》を ◉ にし、「10」と入力します。

※お使いの環境によっては、《ごみ箱》の《ごみ箱の幅》は《ビン》の《ビンの幅》と表示される場合があります。

※表示されていない場合は作業ウィンドウの幅を調整します。

※「10.0」と表示されます。

区間幅が変更されます。

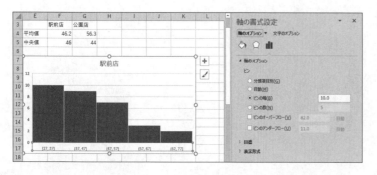

Check!! 結果を確認しよう

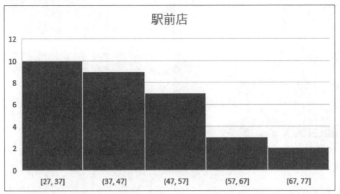

区間幅を10に変更すると、棒の数が増え、ヒストグラムの形が変わります。左側の区間の日数が多いことは同じです。しかし、区間幅を10に変更しても、27、37、47、…のように区間の開始と終了の値のキリがよくないため、他店舗のヒストグラムと比較することは難しいです。この場合は、開始の値を調整するとよいでしょう。

3 アンダーフローの設定

「アンダーフロー」を設定すると、区間の開始の値を変更できます。アンダーフローに設定した値以下の数値は、1つの区間にまとめて表示されます。

Try!! 操作しよう

アンダーフローを「30」に設定しましょう。また、同様に、公園店のヒストグラムを作成し、2店舗のヒストグラムを比較しましょう。

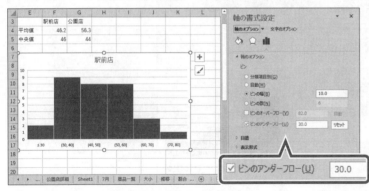

① 《軸の書式設定》作業ウィンドウに《軸のオプション》の詳細が表示されていることを確認します。

② **2019**
《ビン》の《ビンのアンダーフロー》を☑にし、「30」と入力します。

2016
《ごみ箱》の《ごみ箱のアンダーフロー》を☑にし、「30」と入力します。

※お使いの環境によっては、《ごみ箱》の《ごみ箱のアンダーフロー》は《ビン》の《ビンのアンダーフロー》と表示される場合があります。
※「30.0」と表示されます。

30以下の値が1区間にまとまり、30より大きい値は区間幅10で区切られます。
※《軸の書式設定》作業ウィンドウを閉じておきましょう。

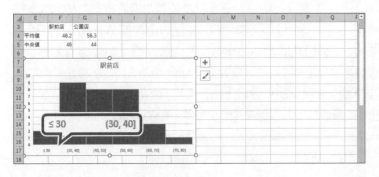

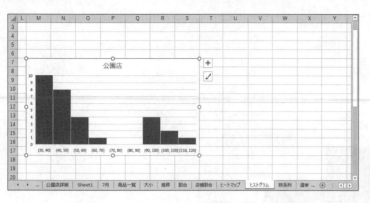

③同様に、公園店のヒストグラムを作成します。

Check!! 結果を確認しよう

●駅前店

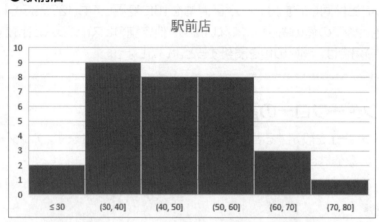

●公園店

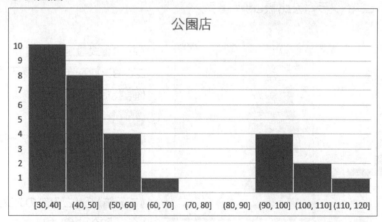

駅前店のヒストグラムは、中ほどに山があり、やや左側が大きいです。

これに対して、公園店のヒストグラムは、左側に大きな山、右側の90-120の区間に小さな山があります。また、区間も9に分かれており、ばらつきが大きいことがわかります。山が複数ある場合、平均や中央値は山と山の間など中央からずれた位置に存在するため、基本統計量だけでは、集団の傾向を表しているとはいえません。左側の山の部分を見ると、30個から50個の区間に集中しており、その日数は全体の半数ほどになっています。すなわち、月の半分以上は、同じような個数を売り上げていて、安定した傾向があることがわかります。

駅前店と比較すると、公園店では右側の山の90個以上の日も特徴的といえます。さらなる分析として、売上個数が多い日の共通点などの原因を探る分析を行ってみるのもよいでしょう。

4 ヒストグラムの注意点

ヒストグラムを使って視覚化する目的は、平均などの基本統計量だけでは見えないデータの散らばり方を明らかにすることです。区間の区切り方によって、ヒストグラムのわかりやすさが変わる反面、グラフ全体のイメージも変わってしまうことがあります。何に使うのか、何を伝えたいのかを考えながら、試行錯誤してヒストグラムを作ってみるとよいでしょう。そのためには、山の数や場所、データの中心、ばらつきを見ていくことがポイントです。山が複数ある場合は、その山を比較したり、山ごとに別々に分析を行ったりすると、さらにヒントが見えてきます。

POINT 分析ツールを使ったヒストグラムの作成

ヒストグラムは分析ツールを使って作成することもできます。分析ツールを使うと、度数分布表も合わせて出力できます。事前に、区間表を作成しておく必要があります。

◆《データ》タブ→《分析》グループの 🔲 データ分析 （データ分析ツール）→《ヒストグラム》

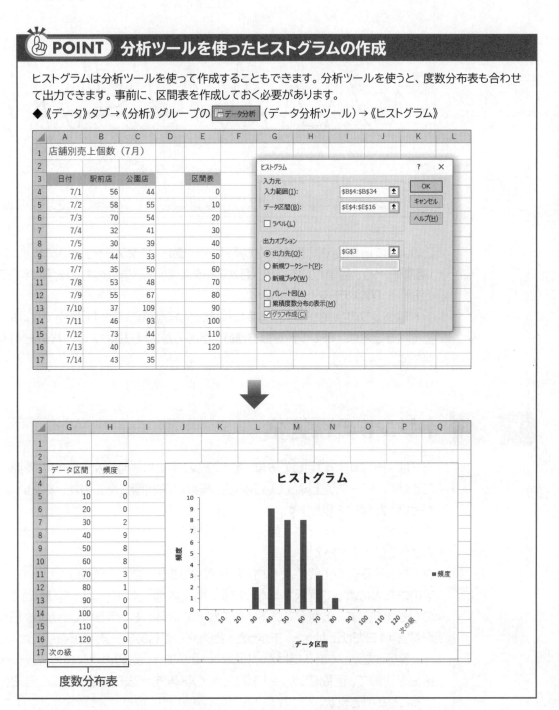

度数分布表

Step 6 時系列データの動きを視覚化する

1 折れ線グラフによる視覚化

次の折れ線グラフは、7月1日から8月31日までの2店舗の売上個数の推移を表したものです。

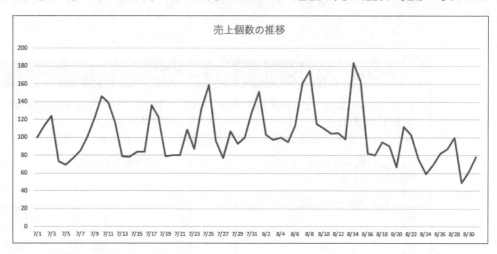

このように日単位で記録された時系列データを「**日次データ**」といいます。週単位のものを「**週次データ**」、月単位のものを「**月次データ**」、四半期単位のものを「**四半期データ**」、年単位のものを「**年次データ**」といいます。

折れ線グラフの横軸が時間、縦軸が対象となる値（ここでは個数）です。折れ線グラフで確認すべきことは、「**トレンド（傾向変動）**」があるか、繰り返される「**パターン（周期性）**」があるかです。

2 トレンドの視覚化

まずは、トレンドに着目してみましょう。トレンドとは、時系列データの長期的な傾向変動のことです。データが上昇しているのか、横ばいの状態にあるのか、あるいは下降しているのかといった傾向を表します。

上の折れ線グラフを見て、最近の売上個数は上がっているように見えますか？下がっているように見えますか？

グラフは見る側の主観によって解釈が異なります。また、「**最近**」といってもいつのことを指すのかも人によって解釈が異なります。期間内最後の8月31日を「**最近**」と考えた場合、別の日と比較して、上がっているとも下がっているともいえます。しかし、日々上下する売上個数を「**1日だけ上がった、下がった**」と判断してもあまり意味がありません。偶然上がったり、下がったりしているだけかもしれないからです。このような場合、ある一時点ではなく、区間を決めて、区間ごとの平均など、その区間を代表した値を見ることで、トレンドを把握することができます。

1 移動平均の追加

任意の区間を決めて、区間ごとに算出した平均を「**移動平均**」といいます。移動平均は分析ツールを使って求めることができます。移動平均の値をグラフに追加すると、日々の値がならされ、トレンドを視覚化できます。

Try!! 操作しよう

分析ツールを使って、シート「**時系列**」の個数をもとに、C列に移動平均を求めましょう。
区間は7日間とします。次に、折れ線グラフに移動平均を追加しましょう。

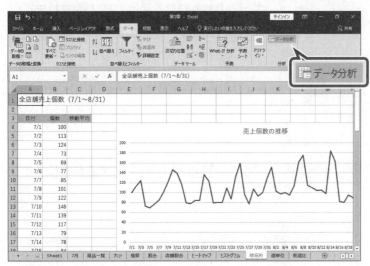

① シート「**時系列**」を表示します。

② 《**データ**》タブ→《**分析**》グループの
　 [データ分析] （データ分析ツール）をクリックします。

※《データ分析ツール》が表示されていない場合は、
　 P.31「1　分析ツールの設定」を参照して表示しておきましょう。

《**データ分析**》ダイアログボックスが表示されます。

③ 《**移動平均**》を選択します。

④ 《**OK**》をクリックします。

《**移動平均**》ダイアログボックスが表示されます。

⑤ 《**入力範囲**》にカーソルが表示されていることを確認します。

⑥ セル範囲【B4:B65】を選択します。

⑦ 《**区間**》に「**7**」と入力します。

⑧ 《**出力先**》にカーソルを表示します。

⑨ セル【C4】を選択します。

⑩ 《**OK**》をクリックします。

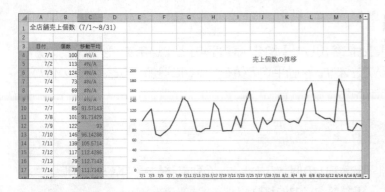

7日間の移動平均が求められます。

7/6以前は、直近の値が7日分そろわないので欠損値になり、「#N/A」が表示されます。

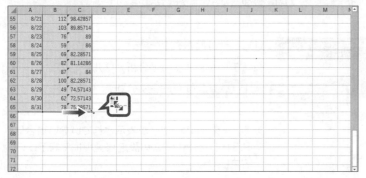

⑪グラフを選択します。

グラフのもとになる範囲が枠で囲まれます。

⑫セル【B65】の右下の■をポイントし、セル【C65】までドラッグします。

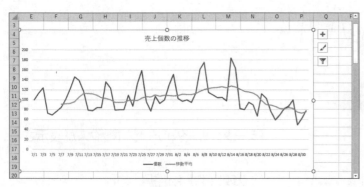

グラフに7日間の移動平均が追加されます。

Check!! 結果を確認しよう

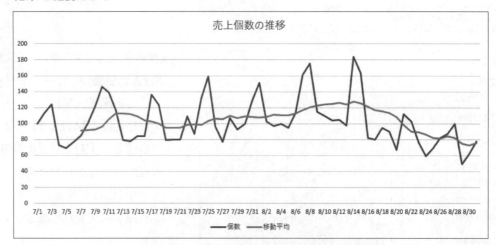

グラフに追加した移動平均を見ると、凸凹がなくなり、日々の値がならされています。全体を見ると、7月後半から8月前半にかけて、売上個数はやや上がっている傾向があります。しかし、8月後半になると、売上個数が下がってきていることがわかります。

2 単純移動平均と中心化移動平均

分析ツールを使って求めた移動平均は、その時点を含む直近の区間で計算されます。これを「**単純移動平均**」といいます。それに対して、「**中心化移動平均**」という計算方法もあります。次のデータを見るとその違いがわかります。

	A	B	C	D	E
1	全店舗売上個数（7/1～8/31)				
2					
3	日付	個数	単純移動平均	中心化移動平均	
4	7/1	100	#N/A		
5	7/2	113	#N/A		
6	7/3	124	#N/A		
7	7/4	73	#N/A	91.57142857	
8	7/5	69	#N/A	91.71428571	
9	7/6	77	#N/A	93	
10	7/7	85	91.57142857	96.14285714	
11	7/8	101	91.71428571	105.5714286	
12	7/9	122	93	112.4285714	
13	7/10	146	96.14285714	112.7142857	
14	7/11	139	105.5714286	111.7142857	
15	7/12	117	112.4285714	109.2857143	

7/4を中心とした前後
7日間の平均

7/7を含む直近
7日間の平均

中心化移動平均は、その時点を中心に置き、その前後を含めて区間の平均をとるという方法です。
今回は区間が奇数（7日）なので中心がありますが、区間が偶数の場合（例えば6日）は次のように計算します。

●7月4日時点の中心化移動平均
（7月1日の値÷2＋7月2日の値＋7月3日の値＋7月4日の値＋7月5日の値＋7月6日の値＋7月7日の値÷2）÷ 6
―――――― 両端の値を1/2にして計算

また、区間が短い場合、単純移動平均と中心化移動平均にあまり差はありませんが、区間が長い場合、直近の区間で計算した単純移動平均は、もとの系列の傾向とずれて、グラフに変化が反映されるのが遅くなります。中心化移動平均は、もとの系列の傾向とずれませんが、その時点以降のデータがそろわないと計算できないというデメリットがあります。

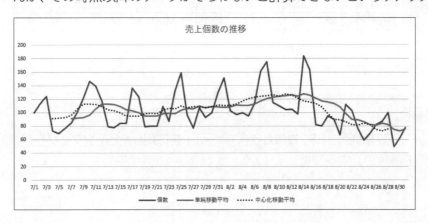

したがって、リアルタイムに分析したい場合は単純移動平均、リアルタイムでなくてよいが、ずれを抑えて分析したい場合は中心化移動平均を使います。中心化移動平均は、AVERAGE関数を使って求めます。

3　パターンの視覚化

7月1日から8月31日までの折れ線グラフをもう一度見てみましょう。

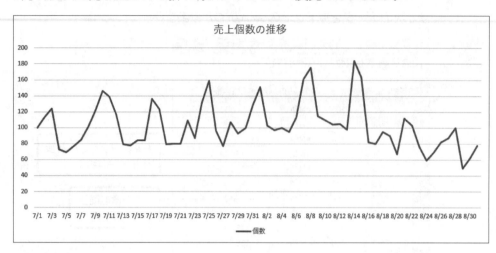

折れ線グラフがギザギザになっている部分が何回も現れていることがわかります。売上個数が上下する周期が繰り返されているようです。この繰り返しパターンに注目してみましょう。繰り返しパターンを視覚化するには、ヒートマップを使って色分けすると効果的です。曜日ごとに売上個数の数値をまとめた次の表を視覚化してみましょう。

	A	B	C	D	E	F	G	H	I
1	売上個数（週単位）								
2									
3	期間	月	火	水	木	金	土	日	
4	7/1~7/4				100	113	124	73	
5	7/5~7/11	69	77	85	101	122	146	139	
6	7/12~7/18	117	79	78	84	84	136	123	
7	7/19~7/25	79	80	80	109	87	132	159	
8	7/26~8/1	96	77	107	93	100	129	151	
9	8/2~8/8	103	97	100	95	113	161	175	
10	8/9~8/15	115	110	104	105	98	184	163	
11	8/16~8/22	82	80	95	90	67	112	103	
12	8/23~8/29	76	59	69	82	87	100	49	
13	8/30~8/31	62	78						
14	曜日平均	88.77778	81.88889	89.75	95.44444	96.77778	136	126.1111	
15									

Try!!　**操作しよう**

シート「週単位」に「赤、白のカラースケール」を適用したヒートマップを作成し、曜日ごとの売上個数の傾向を確認しましょう。

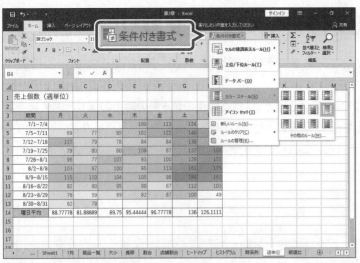

① シート「週単位」のセル範囲【B4：H13】を選択します。

② 《ホーム》タブ→《スタイル》グループの 条件付き書式▼（条件付き書式）→《カラースケール》→《赤、白のカラースケール》をクリックします。

ヒートマップが作成されます。

	A	B	C	D	E	F	G	H	I
1	売上個数（週単位）								
2									
3	期間	月	火	水	木	金	土	日	
4	7/1～7/4				100	113	124	73	
5	7/5～7/11	69	77	85	101	122	146	139	
6	7/12～7/18	117	79	78	84	84	136	123	
7	7/19～7/25	79	80	80	109	87	132	159	
8	7/26～8/1	96	77	107	93	100	129	151	
9	8/2～8/8	103	97	100	95	113	161	175	
10	8/9～8/15	115	110	104	105	98	184	163	
11	8/16～8/22	82	80	95	90	67	112	103	
12	8/23～8/29	76	59	69	82	87	100	49	
13	8/30～8/31	62	78						
14	曜日平均	88.77778	81.88889	89.75	95.44444	96.77778	136	126.1111	
15									

Check!! 結果を確認しよう

どの週も土曜日、日曜日の売上個数は他の曜日と比較すると濃く表示されています。毎週土曜日、日曜日の売上個数が多くなるという繰り返しパターンがあることがわかります。

このような繰り返しパターンが見られるデータでは、「前日より30個増えた（減った）」、「4日ぶりに100個を超えた」というような変化に一喜一憂する意味はあるでしょうか？

ここで大切なのは、比較するべき対象が、前の日なのか、前の週の同じ曜日の日なのかによって、見え方が変わるということです。繰り返しパターンが見られるデータでは、比較する対象をよく考えて判断することが重要です。

4　前期比で繰り返しパターンの影響を取り除く

繰り返しパターンがある場合、2つの方法でその影響を取り除くことができます。1つは先に学習した移動平均、もう1つは前期比です。前期比は、ある時点の値を前の時点の値と比較したもので、何倍増加しているかを表します。「**ある時点の値÷前の時点の値**」で求めます。売上個数は、毎週土曜日、日曜日に増加するという繰り返しパターンがあるため、日単位で比較してもあまり意味がありません。ここでは、前週の同じ曜日と比較して前週比を求めてみましょう。

Try!!　操作しよう

シート「**前週比**」の下側の表に、前の週の同じ曜日との増減を比較する前週比を求めましょう。前週比は、小数第2位まで表示します。また、不要なデータは削除します。次に、ヒートマップを使って視覚化しましょう。「**赤、白のカラースケール**」を適用します。

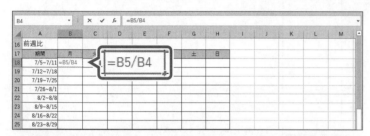

①シート「**前週比**」のセル【B18】に「**=B5/B4**」と入力します。

前週比が求められます。
※セル【B4】に数値が入力されていないため、「#DIV/0!」が表示されます。

②セル【B18】を選択し、セル右下の■（フィルハンドル）をセル【H18】までドラッグします。

③セル範囲【B18：H18】の右下の■（フィルハンドル）をダブルクリックします。

数式がコピーされます。
※セル範囲【D26：H26】は9/1以降の数値が入力されていないため、「0」が表示されます。

④《**ホーム**》タブ→《**数値**》グループの（表示形式）をクリックします。

《**セルの書式設定**》ダイアログボックスが表示されます。

⑤《**表示形式**》タブを選択します。

⑥《**分類**》の一覧から《**数値**》を選択します。

⑦《**小数点以下の桁数**》を「**2**」に設定します。

⑧《**OK**》をクリックします。

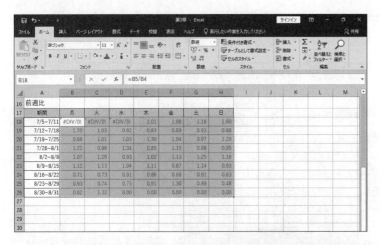

小数第3位で四捨五入され、小数第2位までの表示になります。

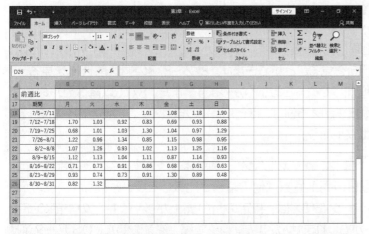

⑨セル範囲【B18:D18】、【D26:H26】を選択します。

⑩ Delete を押します。

不要なデータが削除されます。

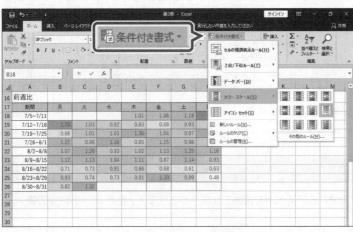

⑪セル範囲【B18:H26】を選択します。

⑫《ホーム》タブ→《スタイル》グループの 条件付き書式 ▼（条件付き書式）→《カラースケール》→《赤、白のカラースケール》をクリックします。

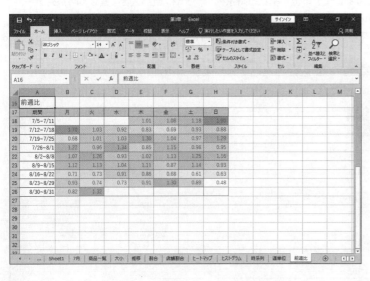

ヒートマップが作成されます。

Check!! 結果を確認しよう

	A	B	C	D	E	F	G	H	I
16	前週比								
17	期間	月	火	水	木	金	土	日	
18	7/5~7/11				1.01	1.08	1.18	1.90	
19	7/12~7/18	1.70	1.03	0.92	0.83	0.69	0.93	0.88	
20	7/19~7/25	0.68	1.01	1.03	1.30	1.04	0.97	1.29	
21	7/26~8/1	1.22	0.96	1.34	0.85	1.15	0.98	0.95	
22	8/2~8/8	1.07	1.26	0.93	1.02	1.13	1.25	1.16	
23	8/9~8/15	1.12	1.13	1.04	1.11	0.87	1.14	0.93	
24	8/16~8/22	0.71	0.73	0.91	0.86	0.68	0.61	0.63	
25	8/23~8/29	0.93	0.74	0.73	0.91	1.30	0.89	0.48	
26	8/30~8/31	0.82	1.32						
27									

前週比を求めると、毎週、土曜日と日曜日の売上個数が多いという繰り返しパターンの影響を取り除いて、週単位の傾向を見ることができます。8/2~8/8の週は前週比を見ると、曜日に関係なく売上個数が増加していることがわかります。また、8/16以降はセルの色が薄い日が多く、前週の売上個数を超える日は、ほとんどありません。このあとの分析を行う際に、原因を探ってみてもよいでしょう。

このように実際の時系列データでは、繰り返しパターンがあるデータも少なくありません。この例では、毎週土曜日と日曜日の売上個数は他の曜日と比較して多いというパターンがありました。もっと長い期間のデータを使えば、特定の月の売上が多い、特定の季節の売上が多いなどのパターンがあるかもしれません。また、レジで売上を記録したPOSデータなどをもとに、時間帯ごとの視覚化を行えば、朝の時間帯、昼の時間帯などパターンが見えてくるでしょう。

視覚化を行うことで、繰り返しパターンの把握や、その原因の分析がしやすくなります。また、パターンの影響を取り除いて全体のトレンドを把握することができるようになります。

※ブックに任意の名前を付けて保存し、閉じておきましょう。

👆POINT 指数化

「指数化」とは、基準点を決め、その値からの変化率を求めて比較する方法です。指数は、「各時点の値÷基準点の値×100」で求めます。
指数化では単位を消して割合にするので、単位が異なる時系列データや、値が大きく異なる時系列データも比較できるというメリットがあります。

=B4/$B$4*100

	A	B	C	D	E	F	G	H
1	全店舗売上金額（7月）							
2								
3	日付	売上金額	売上金額_指数（7/1基準）					
4	7/1	34,200	100					
5	7/2	39,550	116					
6	7/3	43,900	128					
7	7/4	26,200	77					
8	7/5	23,350	68					
9	7/6	25,600	75					
10	7/7	29,700	87					
11	7/8	35,250	103					
12	7/9	42,250	124					
13	7/10	51,700	151					

第4章

仮説を立てて検証しよう

Step1 仮説を立てる

1 仮説とは何か

これまでの章では、記述統計の手法を使って、データを収集して視覚化し、傾向を把握しました。また、例えば店舗によって売上個数にばらつきがある、特定の商品の売上個数が増えた、ある月の後半は前半よりも売上個数が減った、というような気づきもありました。

売上アップのために、現状の問題点や売れ筋商品を確認することが目的であれば、記述統計での気づきの原因を探り、必要な対策を講じ、改善につなげていくことになります。気づきの原因として想定する仮の結論を「**仮説**」といいます。「**店舗によって売上のばらつきがあるのは、来店者の傾向に違いがあるのではないか**」、「**特定の商品の売上個数が増えたのはSNSで話題になったからだろう**」、「**売上個数が減ったのは気温が原因ではないか**」のように、仮説を立てていきます。

仮説は、あくまでも仮の結論です。そのため、仮説が合っているのか間違っているのか、仮説を検証して結論を出す必要があります。仮説を立てて、仮説を検証し、結論を出すという流れは、目的に応じて何度も繰り返して行います。

2 仮説の立て方

仮説はどのように立てればよいのか、次の例について考えてみましょう。

男性、女性を対象に、好きなコンビニエンスストアチェーンを、チェーンA、チェーンB、チェーンC、その他の4つから1つ答えてもらいました。次の文の❶～❸のうち、仮説として適切なものはどれでしょうか?

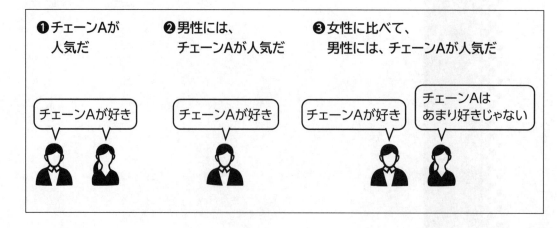

❶～❸のどれもデータを集計しなければわからないので、仮の予想です。しかし、❶は通常、仮説とは呼びません。それは単なる予想だからです。データ分析における仮説には、原因と結果が含まれる必要があります。

それでは❷と❸はどうでしょうか。次の図のように、性別（原因）が好きなコンビニエンスストアチェーン（結果）に影響しているという「関係」を想定していることがわかります。この関係は、確認しないと本当かどうかわからないので、仮説になります。

それでは、❷の仮説「**男性には、チェーンAが人気だ**」と❸の仮説「**女性に比べて、男性には、チェーンAが人気だ**」の違いはどこにあるでしょうか。これを考えるには、すでに学習したクロス集計表を対応付けると違いがわかり、どちらがより適切な仮説かが理解できます。
❷の仮説「**男性には、チェーンAが人気だ**」を検証するためのクロス集計表とグラフを見てみましょう。

	チェーンA	チェーンB	チェーンC	その他	総計
男性	32.0%	23.3%	26.7%	18.0%	100.0%

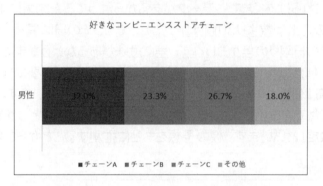

クロス集計表とグラフを見ると、男性にはチェーンAが人気であることがわかります。ただし、わざわざ「**男性**」と断っているということは、何かに対して「**男性**」ということを想定しているとも考えられます。ここでは、「**女性に対して男性**」を想定していると考えるのが自然でしょう。

それでは、❸の仮説「**女性に比べて、男性には、チェーンAが人気だ**」を検証するためのクロス集計表とグラフを見てみましょう。

	チェーンA	チェーンB	チェーンC	その他	総計
男性	32.0%	23.3%	26.7%	18.0%	100.0%
女性	34.7%	33.3%	17.3%	14.7%	100.0%

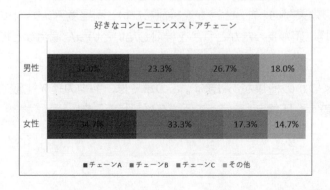

クロス集計表とグラフを見ると、確かに男性の中では、チェーンAが人気であることがわかります。しかし、女性のデータと比較すると、総計に対するチェーンAの割合は男性が32.0%、女性が34.7%です。チェーンAの人気は女性の方が高いので、**「女性に比べて、男性には、チェーンAが人気だ」**とはいえなさそうだとわかります。

データ分析における仮説の本質は**「比較」**で、比較対象（この場合は**「女性」**）があってこそ、よい仮説になります。すなわち、❷よりも❸の仮説の方がより適切だと考えられます。
データ分析では、何を分析したいかに合わせて、比較対象を設定し、仮説をストーリー立てることが重要です。

なお、せっかく仮説を立てても、分析結果を伝える相手にとってそれが当たり前のことだとしたら、わざわざデータ分析を駆使して主張するほどのものではなくなってしまいます。データを目の前にすると、Excelを使った分析作業を行うことばかりに意識がいってしまい、当たり前すぎる仮説を立てがちです。目的を意識して、仮説を立てるようにしましょう。

3 仮説検定

クロス集計表や100%積み上げ棒グラフなどを作成すると、数値に差があることは明らかになります。しかし、これらはあくまでもデータがあるから触ってみた結果にすぎません。A店の売上個数がB店の売上個数より30個多かったとしても、その日は偶然、A店の売上個数が多かったというその日限りの差かもしれず、差に意味があるかどうかまでは判断できません。そのため、差が偶然であるかどうかを判断するための検証が必要になります。**「A店の売上個数は、B店の売上個数よりも多い」**という仮説を立てて分析を行います。
このように、差が偶然であるかどうか、統計的に差があるといえるかどうかを客観的に判断する手法を**「仮説検定」**といいます。仮の予想をもとに推測することから、**「推測統計」**の手法とされています。

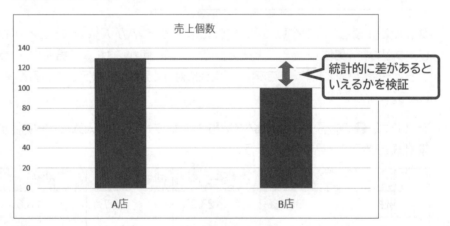

ビジネスでは、マーケティング戦略として実施した施策の前後で売上高に差があったかどうか、すなわち施策の効果があったかどうかを検証したい、満足度アンケートの結果から男性と女性の回答の平均に差があったかどうかを検証したいといった場合などに仮説検定が使われます。

仮説検定には、いくつかの種類があります。この章では、平均の差を比較する**「t検定」**と、ばらつきの差を比較する**「F検定」**を使って仮説を検証してみましょう。

85

2店舗の売上個数の平均を比較する

1 t検定を使った平均の比較

売上アップのために、現状の問題点や売れ筋商品を確認し、人気のない商品の代わりにお客様のニーズに合った新商品を投入したいと考え、売上データを分析します。

1 データをもとに仮説を立てる

まずは、店舗間で分類ごとの売れ行きに違いがあるのかを確認してみましょう。
駅前店と公園店の分類ごとの売上個数を比較するために視覚化したグラフは、次のとおりです。

	A	B	C	D
1		駅前店	公園店	総計
2	フルーツ	599	743	1,342
3	ベジタブル	478	385	863
4	季節限定	356	617	973
5	総計	1,433	1,745	3,178

どちらの店舗も売上個数の1位はフルーツです。
2位は、駅前店がベジタブル、公園店が季節限定、3位は、駅前店が季節限定、公園店がベジタブルです。この違いが各店舗の売上の特徴であるといえます。

このジューススタンドでは、季節限定の商品は、季節ごとに入れ替えています。旬の食材を使ったり、商品が入れ替わったりする目新しさがあります。話題性が高く行列ができるほど人気があったり、思ったほど人気が出なかったり、売れ行きにある程度差が出ることが想像できます。しかし、ベジタブルは定番3商品を扱っており、差が出ることはあまりないと想像できるため、ベジタブルについてデータを確認してみましょう。

駅前店と公園店のベジタブルの売上個数の平均は、次のとおりです。

	A	B	C	D	E	F	G	H
1	売上個数		分類：ベジタブル					
2								
3	日付	駅前店	公園店			駅前店	公園店	
4	2021/7/1	29	15		平均	15.41935	12.41935	
5	2021/7/2	20	21					
6	2021/7/3	20	20					
7	2021/7/4	11	14					
8	2021/7/5	11	14					
9	2021/7/6	18	16					
10	2021/7/7	13	17					
11	2021/7/8	20	12					
12	2021/7/9	21	26					

駅前店が15.4…、公園店が12.4…で、数字を見ると差があるように感じます。しかし、この差が客観的に意味のあるものかどうかはわかりません。7月の1か月間の数値をもとに算出したものなので、異なる月や異なる年をもとにすると結果が異なる可能性があります。そこで、誤差や偶然性なども考慮したうえで客観的に差があるかどうかを判断して、実際のビジネスにつなげられるように検証します。

ここでは、「ベジタブルの売上個数は、公園店より駅前店が多い」と仮説を立てて、検証してみましょう。

2 t検定

誤差や偶然性を考慮して、2グループの平均の差に意味があるかどうかを検証するには、分析ツールの「t検定：等分散を仮定した2標本による検定」を使います。

t検定を実施すると、次のような結果が出力されます。次の2か所に着目して確認するとよいでしょう。

t-検定: 等分散を仮定した2標本による検定		
	駅前店	公園店
平均	15.41935	12.41935	❶
分散	20.31828	25.71828
観測数	31	31
プールされた分散	23.01828	
仮説平均との差異	0	
自由度	60	
t	2.461788	
P(T<=t) 片側	0.008358	
t 境界値 片側	1.670649	
P(T<=t) 両側	0.016716	❷
t 境界値 両側	2.000298	

❶平均
各グループの平均が算出されます。

❷P（T<=t）両側
「P（T<=t）両側」は、「p値（有意確率）」と呼ばれる指標です。p値は0から1の値をとり、値が0に近ければ2つのグループの平均の差に意味があるといえると判断できます。

3 t検定の実施

駅前店と公園店のベジタブルの売上個数のデータをもとに、t検定を使って、仮説「**ベジタブルの売上個数は、公園店より駅前店が多い**」が成り立つかどうかを検証します。仮説が成り立つかどうかは、駅前店と公園店の平均の差に意味があるかをp値で判断します。

 **File OPEN** ブック「第4章」を開いておきましょう。

Try!! **操作しよう**

シート「ベジタブル」の売上個数のデータをもとに、t検定を行いましょう。結果の出力先はセル【E3】とします。

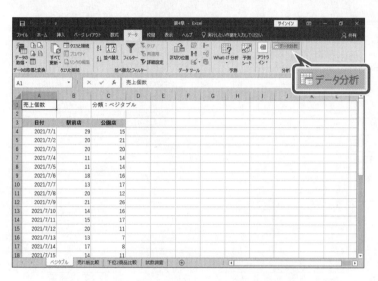

① シート「**ベジタブル**」を表示します。

② 《**データ**》タブ→《**分析**》グループの ［データ分析］（データ分析ツール）をクリックします。

※《データ分析ツール》が表示されていない場合は、P.31「1 分析ツールの設定」を参照して表示しておきましょう。

《データ分析》ダイアログボックスが表示されます。

③ 《**t検定：等分散を仮定した2標本による検定**》を選択します。

④ 《**OK**》をクリックします。

《**t検定：等分散を仮定した2標本による検定**》ダイアログボックスが表示されます。

⑤ 《**変数1の入力範囲**》にカーソルが表示されていることを確認します。

⑥ セル範囲【**B3：B34**】を選択します。

⑦ 《**変数2の入力範囲**》にカーソルを表示します。

⑧ セル範囲【**C3：C34**】を選択します。

⑨ 《**ラベル**》を☑にします。

⑩ 《**出力先**》を◉にし、右側のボックスにカーソルを表示します。

⑪ セル【**E3**】を選択します。

⑫ 《**OK**》をクリックします。

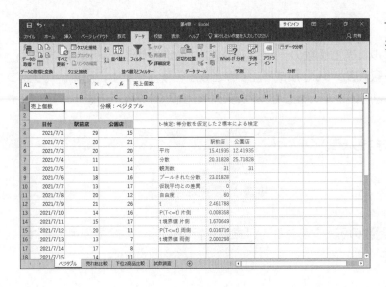

t検定の結果が出力されます。

※列幅を調整しておきましょう。

Check!!　結果を確認しよう

t-検定: 等分散を仮定した2標本による検定		
	駅前店	公園店
平均	15.41935	12.41935
分散	20.31828	25.71828
観測数	31	31
プールされた分散	23.01828	
仮説平均との差異	0	
自由度	60	
t	2.461788	
P(T<=t) 片側	0.008358	
t 境界値 片側	1.670649	
P(T<=t) 両側	0.016716	
t 境界値 両側	2.000298	

平均を見ると、駅前店が15.4…、公園店が12.4…で、**「公園店より駅前店の方が、売上個数の平均が高い」** ことがわかります。次に、p値 (P (T<=t) 両側) を見ると、0.01…となっています。駅前店と公園店のベジタブルの売上個数の平均の差が偶然である確率は0に近いので、差に意味があると判断できます。

つまり、仮説 **「ベジタブルの売上個数は、公園店より駅前店が多い」** が成り立つといえそうです。

POINT　5%有意水準

p値の目安として「5%有意水準」という基準がよく使われます。p値が0.05 (5%) よりも小さければ偶然とはいえず、仮説が成り立つと考える基準です。今回の結果では、p値は0.01…で0.05よりも小さいので、「5%有意水準で仮説が成り立つ」＝「ベジタブルの売上個数は、公園店より駅前店が多い」ということになります。

しかし、5%ではなく、10%や1%などの有意水準を採用することもあります。5%有意水準とは、5%は仮説が成り立たない可能性があるという意味になります。p値は偶然である度合いを示しており、どれくらい偶然でも結論を主張するかは、分析者や分析結果を聞く側、使う側の判断になります。仮説が「仮」である以上、成り立たない可能性があることは当然ですが、医療や品質など安全性が重視される分野において、偶然を避けたいときには、低い有意水準を採用することもあります。

F検定を使ったばらつきの比較

次に、「F検定」を使って、駅前店と公園店のベジタブルの売上個数について、ばらつきを比較しましょう。ばらつきは、分散の値で確認できます。

1 F検定

誤差や偶然性を考慮して、2グループの分散の差に意味があるかどうかを検証するには、分析ツールの**「F検定：2標本を使った分散の検定」**を使います。

F検定を実施すると、次のような結果が出力されます。次の2か所に着目して確認するとよいでしょう。

F-検定：2標本を使った分散の検定		
	駅前店	公園店
平均	15.41935	12.41935
分散	20.31828	25.71828
観測数	31	31
自由度	30	30
観測された分散比	0.790033	
P(F<=f) 片側	0.261297	
F 境界値 片側	0.543221	

❶ 分散

❶分散

各グループの分散が算出されます。各グループのばらつき具合を表します。標準偏差を二乗した値になっています。

❷P（F<=f）片側

「**片側**」となっている場合は、2倍した値をp値として評価します。p値は0から1の値をとり、値が0に近ければ2つのグループの分散の差に意味があるといえると判断できます。

2 F検定の実施

駅前店と公園店のベジタブルの売上個数のデータをもとに、F検定を使って、分散の差に意味があるかを検証します。

Try!! 操作しよう

シート「ベジタブル」の売上個数のデータをもとに、F検定を行いましょう。結果の出力先はセル【I3】とします。

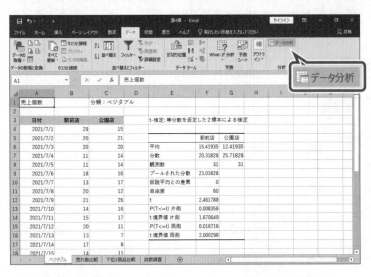

①シート「**ベジタブル**」が表示されていることを確認します。

②《**データ**》タブ→《**分析**》グループの [データ分析] （データ分析ツール）をクリックします。

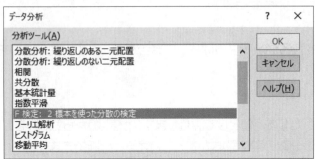

《**データ分析**》ダイアログボックスが表示されます。

③《**F検定：2標本を使った分散の検定**》を選択します。

④《**OK**》をクリックします。

《**F検定：2標本を使った分散の検定**》ダイアログボックスが表示されます。

⑤《**変数1の入力範囲**》にカーソルが表示されていることを確認します。

⑥セル範囲【B3:B34】を選択します。

⑦《**変数2の入力範囲**》にカーソルを表示します。

⑧セル範囲【C3:C34】を選択します。

⑨《**ラベル**》を☑にします。

⑩《**出力先**》を⦿にし、右側のボックスにカーソルを表示します。

⑪セル【I3】を選択します。

⑫《**OK**》をクリックします。

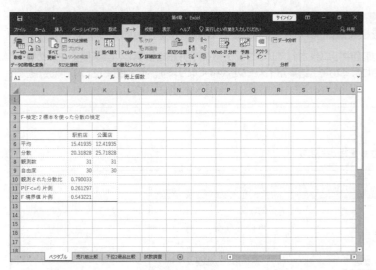

F検定の結果が出力されます。
※列幅を調整しておきましょう。

Check!! 結果を確認しよう

F-検定: 2 標本を使った分散の検定				
	駅前店	公園店		
平均	15.41935	12.41935		
分散	20.31828	25.71828		
観測数	31	31		
自由度	30	30		
観測された分散比	0.790033			
P(F<=f) 片側	0.261297			
F 境界値 片側	0.543221			

分散の値は、駅前店が20.3…、公園店が25.7…です。

この分散の差に意味があるかどうかを判断するには、p値を確認します。F検定のp値は、「P (F<=f) 片側」の部分を使います。「片側」となっている場合は、2倍した値を評価して差が偶然であるかどうかを判断します。「P (F<=f) 片側」は0.26…なので、2倍すると0.52…となり、0.05より大きいため、「**5%有意水準で、2店舗の売上個数の分散の差に意味があるといえない**」という結論になります。

POINT 分散から個数を計算（SQRT関数）

F検定で算出された分散は計算途中で二乗されています。分散の平方根を計算し、標準偏差を求めると、値を個数で判断できるようになるので、結果がイメージしやすくなります。平方根は「SQRT関数」を使って求めることができます。

= SQRT（数値）

※引数には、対象の数値やセルを指定します。

	I	J	K	L	M	N	O	P
1								
2								
3	F-検定: 2 標本を使った分散の検定							
4								
5		駅前店	公園店			駅前店	公園店	
6	平均	15.41935	12.41935		標準偏差	4.50758	5.071319	
7	分散	20.31828	25.71828					
8	観測数	31	31					
9	自由度	30	30					
10	観測された分散比	0.790033						
11	P(F<=f) 片側	0.261297						
12	F 境界値 片側	0.543221						
13								

=SQRT（J7）　=SQRT（K7）

売上個数のばらつき（標準偏差）は、駅前店が約4.5個、公園店が約5.1個となります。日々の売上個数は、駅前店では15.4±4.5個、公園店では12.4±5.1個の範囲にあることが多いとわかります。

STEP UP 分散とt検定

2つの対象の平均を比較するときに使用するt検定には、「等分散を仮定した2標本による検定」と「分散が等しくないと仮定した2標本による検定」が用意されています。

「等分散を仮定した2標本による検定」は2グループの分散が等しいことを前提とした検証です。分散はばらつきを表す指標ですが、この分散が大きく異なっている場合、「等分散を仮定した2標本による検定」はあまり意味のないものになります。ばらつきが大きければ、平均は分布の中央を指す代表値であるとはいえなくなるからです。

F検定で分散の差に意味があるという検証結果が出た場合は、「分散が等しくないと仮定した2標本による検定」を利用するとよいでしょう。

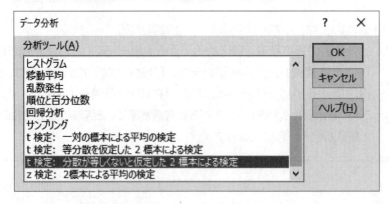

Step3 人気のある商品とない商品を確認する

1 パレート図を使った売れ筋商品の把握

人気のない商品の代わりにお客様のニーズに合った新商品を投入するため、人気のある商品とない商品を確認したいと考えています。

人気のある商品とない商品を見極めるためには、「パレート図」を使った「ABC分析」という手法を使います。パレート図は、値を表す棒グラフを大きい順に並べ、累積比率を表す折れ線グラフと組み合わせたものです。Excelを使うと、棒グラフのもとになるデータを並べ替えたり、折れ線グラフのもとになる累積比率を計算したりしなくても、簡単にパレート図を作成できます。

ABC分析では、累積比率が上位70%を占める商品をA群、70～90%を占める商品をB群、残りをC群とします。A群は最重要商品であり、いわゆる売れ筋商品といえるものです。これに対し、C群は重要度の低い商品です。あまり売れていない商品だと判断できるため、何らかのテコ入れが必要だといえます。

駅前店

分類	商品名	個数
フルーツ	いちごミックス	208
フルーツ	バナナミルク	199
フルーツ	ブルーベリーヨーグルト	192
ベジタブル	キャロット	91
ベジタブル	ケール＆レモン	256
ベジタブル	フレッシュトマト	131
季節限定	ホワイトピーチ	176
季節限定	マスクメロン	180

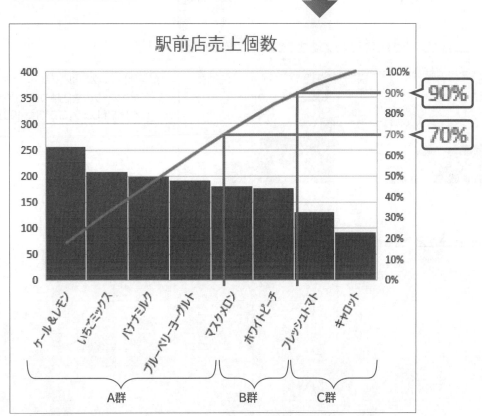

パレート図を作成し、人気のある商品とない商品を確認しましょう。

Try!! 操作しよう

ン | 「売れ筋比較」をもとに、駅前店と公園店の商品の売上個数を比較するパレート図を作成しましょう。

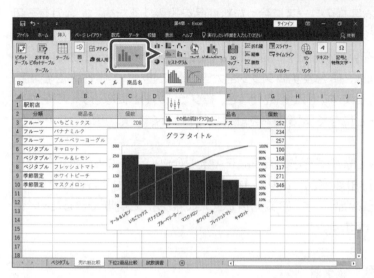

①シート「売れ筋比較」のセル範囲【B2:C10】を選択します。

②《挿入》タブ→《グラフ》グループの 📊▾ （統計グラフの挿入）→《ヒストグラム》の《パレート図》をクリックします。

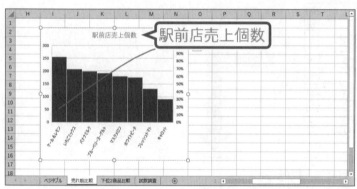

グラフが作成されます。

※グラフの位置とサイズを調整しておきましょう。

③グラフタイトルを「駅前店売上個数」に修正します。

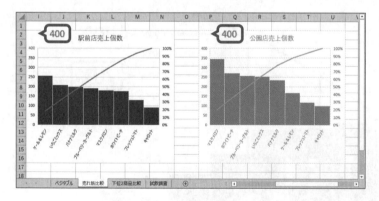

④同様に、公園店のパレート図を作成します。

※2つのグラフの数値軸の最大値が異なる場合は、調整しておきましょう。ここでは「400」に設定しています。

Check!! 結果を確認しよう

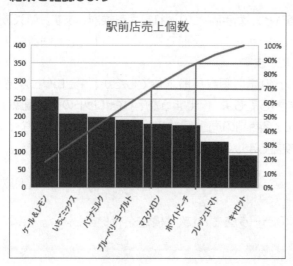

駅前店では、ケール&レモンがA群のトップであり、売れ筋商品といえます。フルーツや季節限定の商品よりも売上の多くを占めていることがわかります。フレッシュトマトとキャロットは、C群に含まれるので、あまり売れていない商品であるといえます。

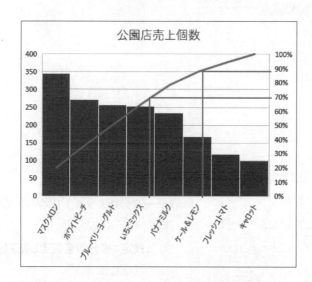

公園店では、マスクメロンやホワイトピーチといった季節限定の商品がA群を占めており、売れ筋商品だといえます。駅前店でトップのケール&レモンは下から3番目です。また、フレッシュトマトとキャロットは、駅前店同様、C群に含まれており、ベジタブルの3商品は売れていないことがわかります。

売上をアップするという目的を考えると、ケール&レモンは駅前店の売れ筋商品なので、公園店でも、もっと売れる余地があるといえそうです。
また、2店舗とも、フレッシュトマトとキャロットはC群に含まれるため、異なる商品と入れ替える、現在の商品を変えずに売るための対策を講じるなど、テコ入れの必要がありそうです。

1

2

3

4

5

6

付録

索引

2 t検定を使った入れ替え商品の検討

人気のない商品は販売をやめ、新商品との入れ替えを検討します。ABC分析でC群に含まれていたフレッシュトマトとキャロットが候補です。ここでは、売上個数の少ない方の商品を入れ替え対象とすることにします。

パレート図では、キャロットの売上個数が最下位でしたが、キャロットの売上個数は、フレッシュトマトより少ないと判断してもよいでしょうか？**「キャロットの売上個数は、フレッシュトマトより少ない」**と仮説を立て、2商品の売上個数の平均の差が偶然ではなく、意味のある差かどうかをt検定を使って検証しましょう。

Try!! 操作しよう

シート「下位2商品比較」のデータをもとに、t検定を行いましょう。結果の出力先はセル【E3】とします。

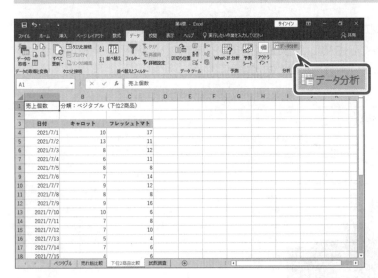

①シート**「下位2商品比較」**を表示します。

②《データ》タブ→《分析》グループの
データ分析 （データ分析ツール）をクリックします。

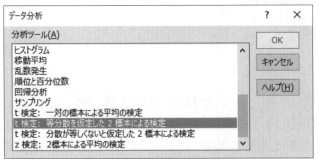

《データ分析》ダイアログボックスが表示されます。

③《t検定：等分散を仮定した2標本による検定》を選択します。

④《OK》をクリックします。

《t検定：等分散を仮定した2標本による検定》ダイアログボックスが表示されます。

⑤《変数1の入力範囲》にカーソルを表示します。

⑥セル範囲【B3:B34】を選択します。

⑦《変数2の入力範囲》にカーソルを表示します。

⑧セル範囲【C3:C34】を選択します。

⑨《ラベル》を☑にします。

⑩《出力先》を⦿にし、右側のボックスにカーソルを表示します。

⑪セル【E3】を選択します。

⑫《OK》をクリックします。

t検定の結果が出力されます。

※列幅を調整しておきましょう。

Check!! 結果を確認しよう

t-検定: 等分散を仮定した2標本による検定		
	キャロット	フレッシュトマト
平均	6.161290323	8
分散	6.806451613	14.4
観測数	31	31
プールされた分散	10.60322581	
仮説平均との差異	0	
自由度	60	
t	-2.223105155	
P(T<=t) 片側	0.014993543	
t 境界値 片側	1.670648865	
P(T<=t) 両側	0.029987086	
t 境界値 両側	2.000297822	

平均を見ると、キャロットが6.16…、フレッシュトマトが8で、キャロットの方が売上個数の平均が低いことがわかります。次に、p値（P（T<=t）両側）を見ると、0.02…となっており、キャロットとフレッシュトマトの売上個数の平均の差が偶然である確率は0に近いので、差に意味があると判断できます。

つまり、仮説「**キャロットの売上個数は、フレッシュトマトより少ない**」が成り立つといえそうです。したがって、人気のない商品はキャロットであり、これを入れ替え対象の商品とすることが適切であるといえます。

今回は学習用に架空の1か月間のデータで検証しています。t検定は、誤差や偶然性なども含めて計算していますが、データの件数は多い方が適切な結論を導くことができます。実務で検証する際は、長い期間のデータを用意するとよいでしょう。

Step4 新商品案を検討する

1 実験調査とテストマーケティング

売上データを分析した次の結果から、キャロットを別の商品に入れ替えるため、新商品の候補を検討します。

> ・ベジタブルの売上が特徴的であり、店舗間で売上に有意差がある
> ・ベジタブルの3商品のうち、ケール&レモンがよく売れている店舗がある
> ・フレッシュトマトと比較してキャロットの売上が少ない

ベジタブルの3商品のうち、人気のあるケール&レモンとそれ以外の2商品との違いを考えてみたところ、トマト、キャロットといった単品の材料ではなく、野菜（ケール）とフルーツ（レモン）の組み合わせであることに気づきました。

そこで、企画、会議、試作などを繰り返し、野菜とフルーツを組み合わせた新商品案（アイデア）として、「キャロット&マンゴー」を考えました。

新商品案は、想定するユーザーに試してもらい、評価を集めて良し悪しを判断します。これらは「実験調査」や「テストマーケティング」と呼ばれます。ここで問題になるのは、「**アイデアの評価は、可能な限り少数のデータで評価したい**」という点です。試作段階なので、評価によっては不採用になる可能性もあります。大量に生産し実験調査やテストマーケティングをしたらコストがかかりすぎてしまいます。そのため、一部のデータで差を評価する仮説検定などの手法を使います。

新商品案の場合は、仮説検定を実施する前にデータを収集する必要があります。このデータ収集では、主に「誰を対象に」、「何人ぐらい」、「どのように」データを集めるのかといった調査の設計視点が必要になります。いい加減に集めたデータをいくら分析しても、適切な判断材料にはなりません。

2 アイデアの評価

ここでは具体的にデータを分析しながら、アイデアを評価します。

評価する対象商品は、新商品案「**キャロット&マンゴー**」と既存商品「**キャロット**」の2つです。新商品案を「**P**」、既存商品を「**Q**」とラベル付けして、試飲調査に用いることにします。

ここでPやQという記号にしたのは、試飲をする回答者に、どちらが新商品案でどちらが既存商品かを事前にわからないようにするためです。新商品がどちらであるかを知ってから試飲すると、新商品の方がおいしく感じてしまうなどの「**バイアス（偏り）**」がかかる可能性があります。このように、調査では、どうバイアスを回避するかが重要です。

複数の商品を評価してもらう場合、1人の回答者が1つの商品（PかQのいずれか）を評価する方法と、両方の商品（PとQ）を評価する方法があります。

┌ 1人が1つの商品を評価 ┐ ┌ 1人が両方の商品を評価 ┐

1人が両方の商品を評価する場合、2つの商品を同じ視点で見ることができるというメリットがあります。しかし、例えば、コーヒーのように香料が強い商品の場合、どちらを先に飲んでも、2つ目に飲むコーヒーの評価に影響してしまう（バイアスがかかる）ことが考えられます。このような場合は、1人が1つの商品を評価する方法がよいでしょう。

それでは、実際のデータを見てみましょう。
次の例は、商品PとQを買いたいと思うかについて100点満点で評価した結果です。

●ケース1：1人が1つの商品を評価する場合

分析用のデータは、行に回答者、列に変数となるように入力します。1人が1つの商品を評価する場合、データは次のように入力します。

	A	B	C
1	回答者	対象商品	評価
2	1	P	90
3	2	Q	85
4	3	Q	75
5	4	P	85
6	5	Q	75
7	6	Q	80
8	7	P	95
9	8	Q	75

1行に1人のデータ（4行目を指す）

評価対象が増えても列は増えない

その商品の評価

回答者を識別できるID　　　　　　評価した商品のラベル

P、Qそれぞれを20人ずつが評価した場合、40件のデータが入力されます。このケースでは選択肢が2つですが、選択肢が3つ以上でもR、S、…と増えるだけで変数の数（列数）は増えません。

●ケース2：1人が両方の商品を評価する場合

1人がP、Q両方の商品を評価する場合、評価の値は2つずつになります。データは次のように入力します。

	A	B	C
1	回答者	P	Q
2	1	80	75
3	2	75	70
4	3	80	80
5	4	90	85
6	5	95	90
7	6	80	75
8	7	80	85
9	8	85	80

1行に1人のデータ（4行目を指す）

評価対象が増えると列が増える

商品Qの評価

回答者を識別できるID　　　　　　商品Pの評価

20人が、PとQ両方の商品を評価した場合、20件のデータが入力されます。

ケース2のように、1行に対応する列が複数あるデータを「**対応ありのデータ**」といいます。この場合、ある回答者のPとQの評価は「**対（つい）**」になります。それに対して、ケース1は、ある回答者が1つの商品を評価しているので、対になる評価がありません。このことから「**対応なしのデータ**」と呼ばれます。
対応ありのデータと対応なしのデータでは、用いる分析手法が異なります。

3 調査結果の評価

新商品案のキャロット&マンゴーを「P」、既存商品のキャロットを「Q」とラベル付けして、試飲調査を行いました。1人が両方の商品を飲み比べ、買いたいと思うかについて100点満点で評価した結果は、次のとおりです。

	A	B	C	D
1	試飲調査		100点満点	
2				
3	回答者	P	Q	
4	1	80	75	
5	2	75	70	
6	3	80	80	
7	4	90	85	
8	5	95	90	
9	6	80	75	
10	7	80	85	
11	8	85	80	
12	9	85	80	
13	10	80	75	
14	11	90	80	
15	12	80	75	
16	13	75	70	
17	14	90	85	
18	15	85	80	
19	16	85	75	
20	17	90	80	
21	18	90	80	
22	19	85	90	
23	20	80	80	

回答者20人の評価をもとに、新商品案と既存商品の評価差を検証し、商品の入れ替えに適しているかどうかを検討します。検討手順は、次のとおりです。

1 調査結果の評価差を算出する

2 評価差の全体傾向を確認する（基本統計量）

3 評価差は統計的に意味があるか検証する（対応ありのt検定）

4 商品入れ替えの判断につなげる

1 評価差の算出

PとQの評価差を求めましょう。ここでは、「Pの評価−Qの評価」で求めます。

Try!! 操作しよう

シート「試飲調査」のD列に、PとQの評価差を求めましょう。

	A	B	C	D	E	F	G	H	I
	D4				× ✓ fx =B4-C4				
1	試飲調査		100点満点						
2									
3	回答者	P	Q	評価差					
4	1	80	75	5					
5	2	75	70	5					
6	3	80	80	0					
7	4	90	85	5					
8	5	95	90	5					
9	6	80	75	5					
10	7	80	85	-5					
11	8	85	80	5					
12	9	85	80	5					
13	10	80	75	5					
14	11	90	80	10					
15	12	80	75	5					
16	13	75	70	5					
17	14	90	85	5					
18	15	85	80	5					

ベジタブル　売れ筋比較　下位2商品比較　試飲調査

①シート「**試飲調査**」のセル【D3】に「評価差」と入力します。

②セル【D4】に「=B4-C4」と入力します。評価差が求められます。

③セル【D4】を選択し、セル右下の■(フィルハンドル)をダブルクリックします。数式がコピーされます。

Check!! 結果を確認しよう

	A	B	C	D	E
3	回答者	P	Q	評価差	
4	1	80	75	5	
5	2	75	70	5	
6	3	80	80	0	
7	4	90	85	5	
8	5	95	90	5	
9	6	80	75	5	
10	7	80	85	-5	
11	8	85	80	5	
12	9	85	80	5	
13	10	80	75	5	
14	11	90	80	10	
15	12	80	75	5	
16	13	75	70	5	
17	14	90	85	5	
18	15	85	80	5	
19	16	85	75	10	
20	17	90	80	10	
21	18	90	80	10	
22	19	85	90	-5	
23	20	80	80	0	
24					

評価差の値を見ると、ほとんどがプラスの値になっています。つまり、Pを高く評価した人が多いことがわかります。5点や10点の差を付けた人が多いこともわかります。

2 評価差の基本統計量の算出

次に、算出したPとQの評価差には、どのような傾向があるかを確認します。

Try!! 操作しよう

分析ツールを使って基本統計量を算出しましょう。結果はセル【F3】を開始位置として出力します。

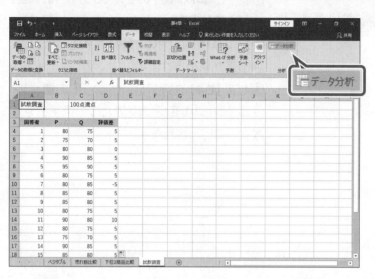

① 《データ》タブ→《分析》グループの
   データ分析 （データ分析ツール）をクリックします。

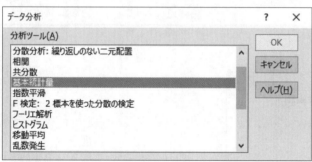

《データ分析》ダイアログボックスが表示されます。

② 《基本統計量》を選択します。

③ 《OK》をクリックします。

《基本統計量》ダイアログボックスが表示されます。

④ 《入力範囲》にカーソルが表示されていることを確認します。

⑤ セル範囲【D3:D23】を選択します。

⑥ 《先頭行をラベルとして使用》を ✔ にします。

⑦ 《出力先》を ⦿ にし、右側のボックスにカーソルを表示します。

⑧ セル【F3】を選択します。

⑨ 《統計情報》を ✔ にします。

⑩ 《OK》をクリックします。

評価差の基本統計量が算出されます。
※列幅を調整しておきましょう。

Check!! 結果を確認しよう

評価差	
平均	4.5
標準誤差	0.952835
中央値 (メジアン)	5
最頻値 (モード)	5
標準偏差	4.261208
分散	18.15789
尖度	1.011775
歪度	-0.92963
範囲	15
最小	-5
最大	10
合計	90
データの個数	20

まず、代表値を確認して、データの傾向を見ます。

評価差の平均は4.5でプラスの値になっています。この値から、P（新商品案）の方が、Q（既存商品）よりも評価が高いことがわかります。また、中央値と最頻値は5で、平均の値と近く、データの傾向を適切に表しているといえます。

ただし、回答者が20人のサンプルデータで分析しているため、結果は偶然かもしれません。そこで、平均の誤差を表す標準誤差を確認します。標準誤差の値は0.95…となっています。これは、20人ではなく、もっと多くの回答者を想定したとき、平均は「4.5±0.95」ぐらいの範囲にありそうだということを表しています。もし、この範囲に0が含まれた場合は、評価の平均に差がない状態になる可能性があると読み取れます。

3 t検定を使った対応ありのデータの比較

基本統計量から、Pの評価はQの評価よりも高い傾向にあることがわかりました。PとQの評価の平均の差に意味があるかを、t検定を使って検証します。対応ありのデータに対するt検定は、分析ツールの「**t検定：一対の標本による平均の検定**」を使います。

Try**!!**　**操作しよう**

PとQの評価をもとに、対応ありのデータに対するt検定を行いましょう。結果の出力先はセル【I3】とします。

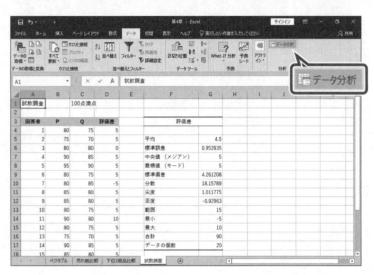

①《**データ**》タブ→《**分析**》グループの

  [データ分析] (データ分析ツール) をクリックします。

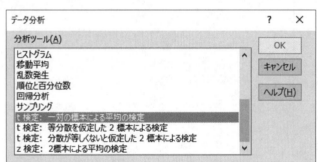

《**データ分析**》ダイアログボックスが表示されます。

②《**t検定：一対の標本による平均の検定**》を選択します。

③《**OK**》をクリックします。

《**t検定：一対の標本による平均の検定**》ダイアログボックスが表示されます。

④《**変数1の入力範囲**》にカーソルが表示されていることを確認します。

⑤セル範囲【B3:B23】を選択します。

⑥《**変数2の入力範囲**》にカーソルを表示します。

⑦セル範囲【C3:C23】を選択します。

⑧《**ラベル**》を☑にします。

⑨《**出力先**》を⦿にし、右側のボックスにカーソルを表示します。

⑩セル【I3】を選択します。

⑪《**OK**》をクリックします。

t検定の結果が出力されます。
※列幅を調整しておきましょう。

Check!! 結果を確認しよう

t-検定: 一対の標本による平均の検定ツール		
	P	Q
平均	84	79.5
分散	30.52632	31.31579
観測数	20	20
ピアソン相関	0.706441	
仮説平均との差異	0	
自由度	19	
t	4.722748	
P(T<=t) 片側	7.41E-05	
t 境界値 片側	1.729133	
P(T<=t) 両側	0.000148	
t 境界値 両側	2.093024	

t検定の結果から、平均とp値を確認します。
平均はPが84、Qが79.5です。Pの平均がQよりも高く、その差は4.5で、**2**で求めた評価差の平均と同じです。
p値（P（T<=t）両側）は0.00…と非常に小さな値になっています。5%有意水準で、PとQの評価の平均の差には意味があるといえます。すなわち、Pの方が評価が高いと判断してもよいでしょう。

※ブックに任意の名前を付けて保存し、閉じておきましょう。

4 商品入れ替えの判断を行う

今回、試飲調査では、**「買いたいと思うか」**で評価をしてもらいました。分析結果から、2つの商品の評価には統計的に有意な差がある、すなわち、QよりもPを買いたいと思う人が多いという結果が読み取れました。つまり、Pとして試飲してもらった新商品案のキャロット&マンゴーを、Qとして試飲してもらった既存商品のキャロットと入れ替えることが有効であると判断できるわけです。
この調査では手順の確認のため、**「買いたいと思うか」**という評価だけで判断しましたが、詳細な項目を設定し、味、価格、量（サイズ）、含まれる栄養素など、よりよい商品開発のヒントとして、それぞれを評価してもらうことも大切です。

☝POINT 「対応ありのデータ」と「対応なしのデータ」の使い分け

ジュースの試飲の例では、対応あり、対応なしのどちらもあり得ますが、評価対象によってはどちらかしか使えない場合もあります。例えば、評価対象が薬の場合、1人が薬Aと薬Bの両方を服用するとどちらの薬の効果なのかがわからなくなるため、対応なしのデータにするしかありません。対応ありのデータと対応なしのデータに対するt検定の使い分けるよう注意しましょう。
t検定を使うと、次のような効果測定もできます。

対応ありのデータ

・研修を受ける前と受けた後の成績の差
・あるダイエット器具を使った前後の体重の差

対応なしのデータ

・会員と非会員の購入金額の違い
・A社のテキストで学んだ人とB社のテキストで学んだ人との成績の差

☝POINT 結果を読み解く注意点

同じデータを使って、同じように操作をすれば、みんな同じ結果になるはずです。これは、データから客観的に情報を取り出したことになります。この客観的な情報を「ファクト（客観的事実）」といいます。それに対し、同じ結果を見ても「よい」とか「あまりよくない」と感じるのは分析者側の主観的判断です。このような情報を「ファインディング（主観的解釈）」といいます。データ分析は、ファクトに基づいてファインディングを導き出す作業です。計算が正しくできることがデータ分析の目的ではありません。結果をどう読み解くかを考える力こそが、データ分析に求められる力になります。

データ分析的には、1ポイントでも結果に差があれば、差があるということになります。ただし、これは数字上「差がある」といっているだけで、意味のある差かどうかは別の話です。

	A店	B店
フルーツ	42.5%	28.7%
ベジタブル	27.5%	35.0%
季節限定	30.0%	36.3%
総計	100.0%	100.0%

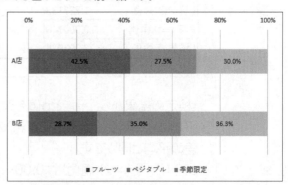

例えば、経営陣が「A店では、季節限定商品の売上個数を別の店舗の倍まで増やす」という目標を持って、売上獲得に注力したキャンペーンを続けてきたとします。その視点でこの結果を見たら、「6.3ポイントしか差がない」と見えるはずです。逆に「季節限定商品はベジタブルよりも人気がないはずだ」と思ってこの結果を見たら、差が小さくても「季節限定商品は人気があるようだ」と見えるはずです。

データによって得られた結果が、大きいのか小さいのか、差があるといえるのか否かを判断するために重要なのは「参照基準」を持つことです。参照基準とは、自分の中にある「これくらいが妥当だろう」という値です。この参照基準を持っているからこそ、データを解釈し、ファクト（客観的事実）からファインディング（主観的解釈）を見つけることができるのです。

参照基準に関する有名な話をご紹介しましょう。イトーヨーカドーの鈴木敏文元会長は、「夏の日の25℃は寒くておでんが売れ、冬の日の25℃は暑くて半袖が売れる」と語っています。同じ数値であっても、文脈が異なれば解釈が異なるという有名な例です。（出典：勝見明『鈴木敏文の統計心理学』プレジデント社）このように、データ分析の結果を読み解くには、背景知識や参照基準が必要ですが、すべてのデータの背景について十分な知識を持っているとは限りません。その場合は、知識不足を補うためにヒアリングや文献レビューなどを行い、情報を得るようにしなければなりません。

第**5**章

関係性を分析して
ビジネスヒントを見つけよう

変数の関係性を視覚化する

1 変数の関係性

これまでの章では、売上個数からデータの傾向を見たり、試飲調査の点数からアイデアを評価したりしました。これらは、売上個数、点数のような1つの変数で分析を行いました。しかし、売上アップに影響を与えるのは1つの変数だけでなく、様々な変数が関係している可能性があります。複数の変数の関係性を考えることで、1つの変数だけでは見つからない新しいヒントが見えてくるかもしれません。

この章では、2つ以上の変数の関係性を分析する手法を見ていきましょう。

2 試験結果の分析

ジューススタンドでは、スタッフのスキルアップとサービスの向上を目指し、ジュースマイスター試験を実施しています。試験科目は「知識1_野菜と果物の基礎知識」、「知識2_栄養と健康効果」、「実技1_調理スキル」、「実技2_サービススキル」の計4つです。各科目は、100点満点の数値で表す量的変数です。1行に1人のデータを入力した結果は、次のとおりです。

	A	B	C	D	E	F
1	ジュースマイスター試験結果					
2						
3	ID	知識1_ 野菜と果物の基礎知識	知識2_ 栄養と健康効果	実技1_ 調理スキル	実技2_ サービススキル	
4	1	99	33	77	78	
5	2	87	83	80	98	
6	3	80	78	68	82	
7	4	78	62	50	56	
8	5	78	88	88	91	
9	6	74	64	43	41	

結果から平均点の算出や合否の判定をするだけでなく、スタッフ全体の傾向や変数の関係性を見ることで、スタッフの配置や評価に役立てたり、サービス向上につなげたりすることができます。例えば、次のようなことが考えられます。

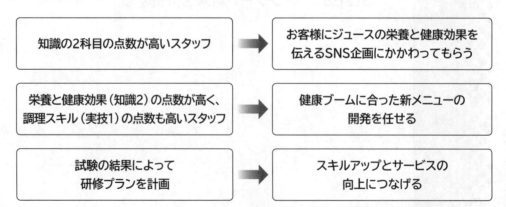

試験の結果から、ビジネスのヒントとなり得る変数の関係性を見つけてみましょう。

まずは、量的変数の関係性を視覚化してみましょう。量的変数を視覚化するには**「散布図」**が役に立ちます。散布図は縦軸と横軸に変数を配置し、データを点で表したものです。点の散らばり具合や集まり具合から2つの変数の関係性を読み取ることができます。散布図は、グラフ機能を使って作成します。

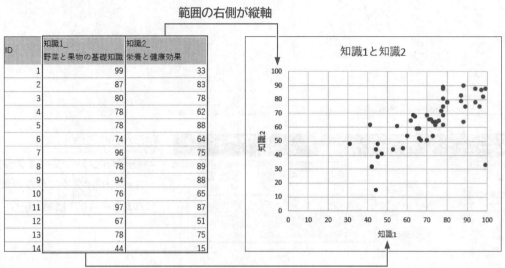

ここでは、ジュースマイスター試験の各科目の点数について、関係性を視覚化する散布図を作成してみましょう。

 **File OPEN** ブック「第5章」を開いておきましょう。

Try!! **操作しよう**

シート「ジュースマイスター」のデータをもとに、「知識1と知識2」、「知識1と実技1」の2つの散布図を作成しましょう。軸の最大値を「100」、目盛間隔を「10」に設定します。次に、2つの散布図を比較しましょう。

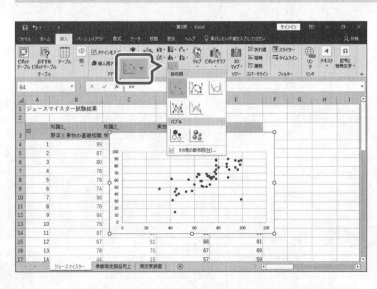

①シート**「ジュースマイスター」**のセル範囲**【B4：C53】**を選択します。

②《挿入》タブ→《グラフ》グループの ![散布図アイコン] （散布図（X，Y）またはバブルチャートの挿入）→《散布図》の《散布図》をクリックします。

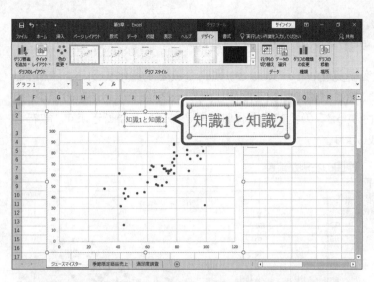

散布図が作成されます。

※グラフの位置とサイズを調整しておきましょう。

③グラフタイトルを**「知識1と知識2」**に修正します。

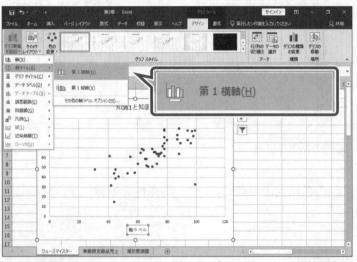

軸ラベルを追加します。

④《デザイン》タブ→《グラフのレイアウト》グループの (グラフ要素を追加)→《軸ラベル》→《第1横軸》をクリックします。

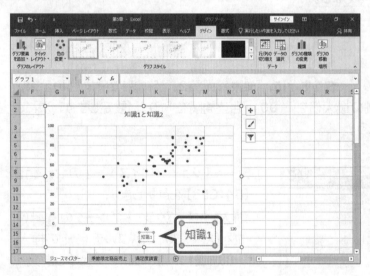

⑤軸ラベルを**「知識1」**に修正します。

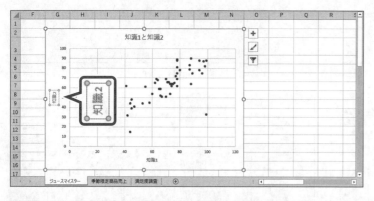

⑥同様に、第1縦軸に軸ラベルを追加し、「**知識2**」に修正します。

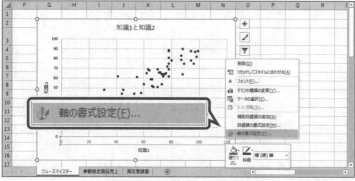

軸の書式を設定します。

⑦横軸を右クリックします。

⑧《**軸の書式設定**》をクリックします。

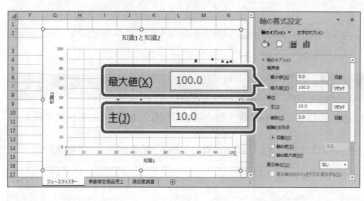

《**軸の書式設定**》作業ウィンドウが表示されます。

⑨《**軸のオプション**》の ▮▮（軸のオプション）をクリックします。

⑩《**軸のオプション**》の詳細が表示されていることを確認します。

※表示されていない場合は、《軸のオプション》をクリックします。

⑪《**最大値**》に「**100**」と入力します。

※「100.0」と表示されます。

⑫ **2019**

　《**主**》に「**10**」と入力します。

　2016

　《**目盛**》に「**10**」と入力します。

※お使いの環境によっては、《目盛》は《主》と表示される場合があります。

※「10.0」と表示されます。

横軸の最大値が「**100**」、目盛間隔が「**10**」に変更されます。

⑬縦軸の最大値が「**100**」、目盛間隔が「**10**」になっていることを確認します。

⑭同様に「**知識1と実技1**」の散布図を作成します。

※《軸の書式設定》作業ウィンドウを閉じておきましょう。

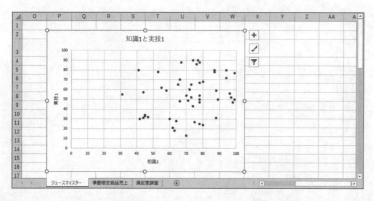

Check!! 結果を確認しよう

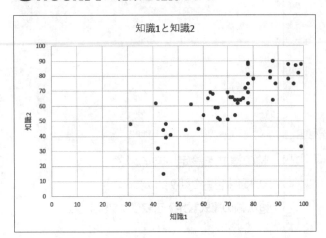

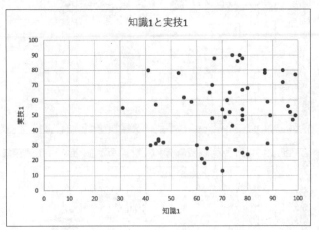

1つ目の散布図（知識1と知識2）を見ると、右上がりに点が集まっています。一方の点数が高い人はもう一方の点数も高く、逆に一方の点数が低い人はもう一方の点数も低いという関係性があるように見えます。

2つ目の散布図（知識1と実技1）を見ると、点は散らばっており、2つの科目の点数に関係性があるようには見えません。

POINT 散布図を比較するときの注意点

複数の散布図を比較する場合は、散布図のサイズ、軸の最大値や目盛間隔などを同じにして比較するようにしましょう。

例えば、次の散布図は同じデータをもとにしていますが、横幅が異なるため、印象が変わって見えます。

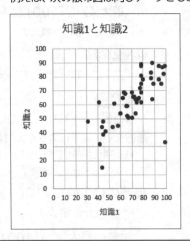

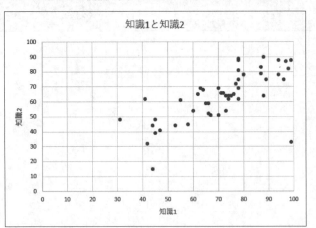

Step2 変数の関係性を客観的な数値で表す

1 相関係数

「知識1と知識2」の散布図では、2つの変数に右上がりの関係性があるように見えました。では、この2つの関係性はどれくらい強いのでしょうか?

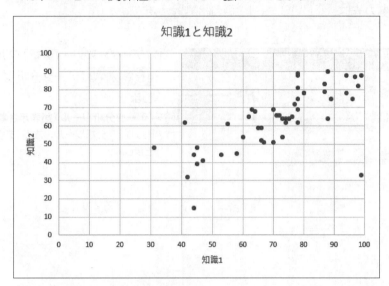

2つの変数の関係性の強さを調べる分析を「**相関分析**」といいます。相関分析によって得られた相関の強さを表す値を「**相関係数**」といいます。

相関係数は0から1(または0から−1)の範囲で相関の強弱を表し、「+」や「−」を外した絶対値で、次のように判断します。

相関係数	関係性
0.7以上	強い相関がある
0.4以上0.7未満	相関がある
0.2以上0.4未満	弱い相関がある
0.2未満	ほとんど相関がない

相関係数が「+」の値の場合を「**正の相関**」といい、点の集まりは右上がりになります。一方が増えるともう一方も増えるという関係です。

相関係数が「−」の値の場合を「**負の相関**」といい、点の集まりは右下がりになります。一方が増えるともう一方は減るという関係です。

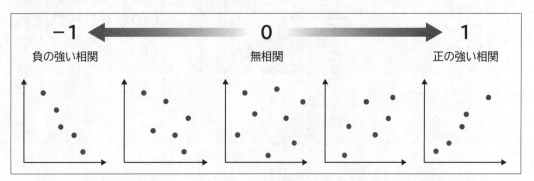

2 相関の計算

散布図から見えた関係性を、客観的な数値（相関係数）として表すには、分析ツールの「**相関**」を使います。

Try!! 操作しよう

シート「ジュースマイスター」の試験結果をもとに、4科目の相関係数を計算しましょう。
結果の出力先は、新しいシート「**全科目相関**」とします。

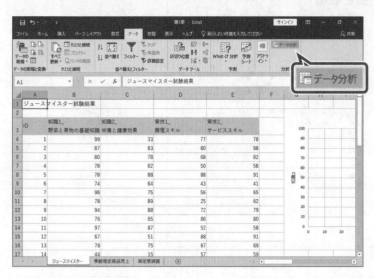

①《**データ**》タブ→《**分析**》グループの
[📊 データ分析]（データ分析ツール）をクリック
します。

※《データ分析ツール》が表示されていない場合は、
P.31「1 分析ツールの設定」を参照して表示してお
きましょう。

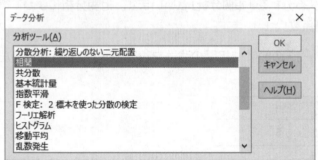

《**データ分析**》ダイアログボックスが表示され
ます。

②《**相関**》を選択します。

③《**OK**》をクリックします。

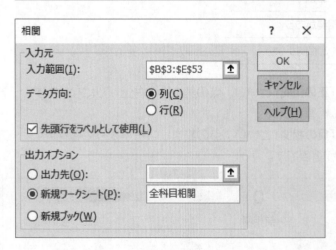

《**相関**》ダイアログボックスが表示されます。

④《**入力範囲**》にカーソルが表示されている
ことを確認します。

⑤セル範囲【**B3：E53**】を選択します。

⑥《**先頭行をラベルとして使用**》を☑にします。

⑦《**新規ワークシート**》を⦿にし、「**全科目相
関**」と入力します。

⑧《**OK**》をクリックします。

シート「**全科目相関**」に4科目の相関係数が出力されます。

※列幅と行の高さを調整しておきましょう。

Check!! 結果を確認しよう

	A	B	C	D	E
1		知識1_ 野菜と果物の基礎知識	知識2_ 栄養と健康効果	実技1_ 調理スキル	実技2_ サービススキル
2	知識1_ 野菜と果物の基礎知識	1			
3	知識2_ 栄養と健康効果	0.707997165	1		
4	実技1_ 調理スキル	0.237469689	0.114399525	1	
5	実技2_ サービススキル	0.351568466	0.227395607	0.734846402	1
6					
7					

「**知識1**」と「**知識2**」の相関係数は0.70…、「**実技1**」と「**実技2**」の相関係数は0.73…なので、正の強い相関があることがわかります。

「**知識2**」と「**実技1**」の相関係数は0.11…で、ほとんど相関がないことがわかります。「**知識2**」と「**実技1**」以外の知識と実技の組み合わせは、相関係数が0.2〜0.4の範囲に含まれるため、相関関係はあるものの、そこまで強くはないことがわかります。つまり、知識も実技もどちらも得意な人は多くないといえます。

スタッフ全体のスキルアップを考えるならば、実技の得意な人を対象に知識分野の研修を行うなど、不足するスキルを補う方法が有効だといえるでしょう。

👆POINT ヒートマップを使った相関関係の視覚化

相関分析の結果は、見ただけで傾向がわかるようにヒートマップで視覚化すると効果的です。
次の例は、「赤、白のカラースケール」を適用した結果です。濃色が相関関係が強く、淡色になるにつれ、相関が弱くなるというように、色の濃淡で相関関係の強弱がわかります。

	知識1_ 野菜と果物の基礎知識	知識2_ 栄養と健康効果	実技1_ 調理スキル	実技2_ サービススキル
知識1_ 野菜と果物の基礎知識	1			
知識2_ 栄養と健康効果	0.707997165	1		
実技1_ 調理スキル	0.237469689	0.114399525	1	
実技2_ サービススキル	0.351568466	0.227395607	0.734846402	1

👆POINT CORREL関数

分析ツールを使わずに、「CORREL関数」を使って2つのグループの相関係数を求めることができます。
CORREL関数の書式は、次のとおりです。

=CORREL（配列1, 配列2）

※配列1と配列2には、それぞれグループのデータが入力されたセル範囲を指定します。

CORREL関数を使って、知識1と知識2の相関係数を求めると次のようになります。

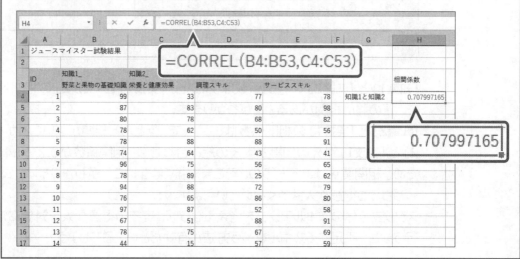

1 相関係数だけで判断しても大丈夫？

相関係数を判断するときには、気を付けなければならない注意点があります。次の散布図を見てみましょう。

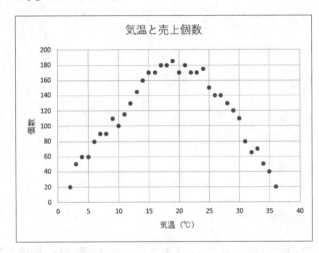

気温が高くなるにつれ売上個数は増加し、一定の気温を超えると売上個数は減少しているという傾向がわかります。気温と売上個数の相関係数を計算すると、相関係数は0.02…と極めて0に近い値です。

	A	B	C	D	E	F	G
1	気温(℃)	売上個数			気温(℃)	売上個数	
2	2	20		気温(℃)	1		
3	3	50		売上個数	0.0264	1	
4	4	60					
5	5	60					
6	6	80					
7	7	90					
8	8	90					
9	9	110					
10	10	100					
11	11	115					
12	12	130					
13	13	145					
14	14	160					
15	15	170					

この例のように、相関係数が極めて0に近く、相関がほとんどなくても、散布図を見ると2つの変数に関係性があるように見える場合があります。

分析ツールで求めた相関係数は、2つの変数の一方の変化に伴い、もう一方がどのように変化するかという比例関係を、直線を表す式に当てはめたものです。あくまで直線関係の程度を表しているので、相関が0に近くても関係性がないとは限りません。

そのため、いきなり相関係数だけを計算して「相関係数が0に近いから、2つの変数には関係性がない」と判断すると、本来あるはずの関係性を見過ごす可能性があります。

データ分析では、数値による分析と視覚化の両方が大切です。相関係数を求めると共に、散布図を作成し、全体の傾向を確認するようにしましょう。

相関が強いと散布図は直線的な点の集まりになります。例えば、一方が増えるともう一方も増えるという傾向があれば右上がりになります。この点を踏まえて、「知識1と知識2」の散布図を見てみましょう。

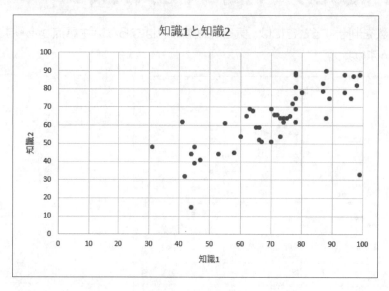

全体的には右上がりの傾向が強いものの、「**知識1の点数は高いが、知識2の点数は低い**」といった外れた値もあります。相関が強いほど、この「**外れ値**」が目立ちます。外れ値は入力ミスなどの可能性もあり、場合によっては散布図や相関係数に影響を及ぼすことがあります。その場合は、外れ値を除く必要があります。

次の散布図を見てみましょう。左側の散布図と右側の散布図は1つだけ異なる値があります。たった1つ外れ値があるだけですが、点の集まり具合が異なるように見えます。また、相関係数も異なっていることがわかります。

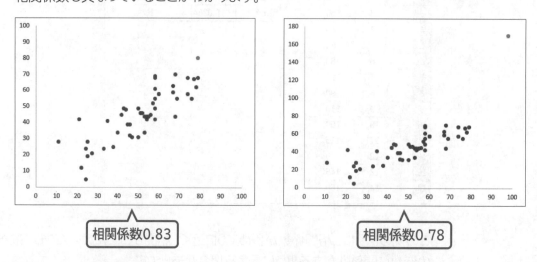

ただし、外れ値は悪いものばかりではなく、新たなヒントを見つけるために有効な場合があります。外れ値がもとのデータのどれであるかを確認し、原因について仮説を立てて、さらなる分析を行うとよいでしょう。

散布図で外れ値を確認するには、データラベルが役に立ちます。

第5章　関係性を分析してビジネスヒントを見つけよう

「知識1と知識2」の散布図にデータラベルを表示し、外れ値のデータを確認しましょう。
データラベルには、IDを表示します。

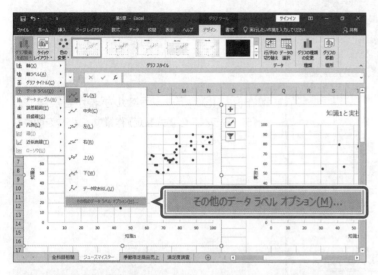

①シート「**ジュースマイスター**」の「**知識1と知識2**」の散布図を選択します。
②《**デザイン**》タブ→《**グラフのレイアウト**》グループの （グラフ要素を追加）→《**データラベル**》→《**その他のデータラベルオプション**》をクリックします。

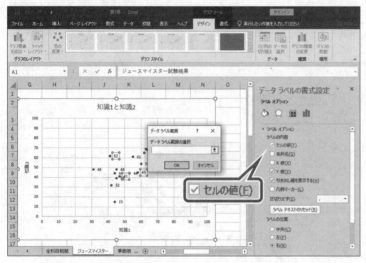

《**データラベルの書式設定**》作業ウィンドウが表示されます。
③《**ラベルオプション**》の （ラベルオプション）をクリックします。
④《**ラベルオプション**》の詳細が表示されていることを確認します。
※表示されていない場合は、《**ラベルオプション**》をクリックします。
⑤《**セルの値**》を にします。

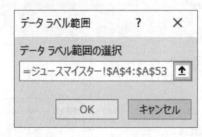

《**データラベル範囲**》ダイアログボックスが表示されます。
⑥《**データラベル範囲の選択**》にカーソルが表示されていることを確認します。
⑦セル範囲【**A4：A53**】を選択します。
⑧《**OK**》をクリックします。

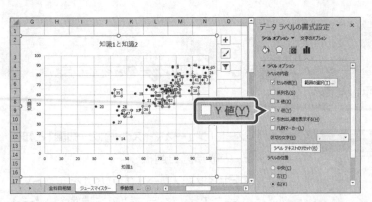

⑨《Y値》を☐にします。

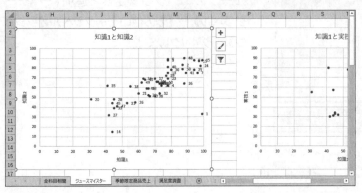

散布図にIDのデータラベルが表示されます。
※《データラベルの書式設定》作業ウィンドウを閉じて
　おきましょう。

Check!! 結果を確認しよう

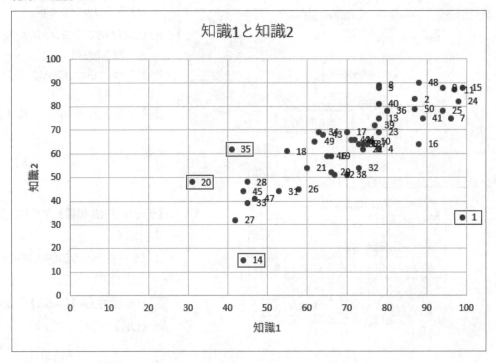

散布図の各点にIDのデータラベルが表示されます。全体傾向から外れた点を見ると、ID1、
ID14、ID20、ID35などであることがわかります。これらのスタッフの勤務実績、所属店、
担当業務などを調べて原因を探ることで、スキルアップとサービスの向上につながる研修
計画のヒントが見つかるかもしれません。

その2つの変数だけで判断しても大丈夫?

散布図や相関は、2つの量的変数の関係性を考えるときによく使われます。しかし、散布図や相関は簡単にできる分析だからこそ、結果の解釈には注意が必要です。

次のような例について解釈を考えてみましょう。

> あるスーパーの売上データを分析したところ、ビールの売上高とアイスクリームの売上高に正の相関があることがわかりました。「ビールが売れている日は、アイスクリームが売れている」という関係です。
> この関係からどんなことがわかるでしょうか?

この関係から「アイスクリームをおつまみにビールを飲む」とか「ビールを飲むとアイスクリームが食べたくなる」と因果関係があると考えるのは、少し無理がある解釈でしょう。実は、相関関係は、2つの変数に直線的な関係があるといっているだけで、どちらが原因かという視点は加味されていません。

2つの変数に相関関係がある場合、直接的な関係だけでなく、背後に共通する原因がないか考えることも大切です。

この例では、「ビールが売れた(結果)のは、その日が暑かった(原因)からだ」という関係と、「アイスクリームが売れた(結果)のは、その日が暑かった(原因)からだ」という2つの別の関係があり、「その日が暑かった」という共通する原因があったために、ビールの売上高とアイスクリームの売上高に正の相関が見られたと考えられます。このような相関は「疑似相関」と呼ばれます。正しく相関関係を求めるには、共通する原因である気温と、売上高で相関分析を行うとよいでしょう。

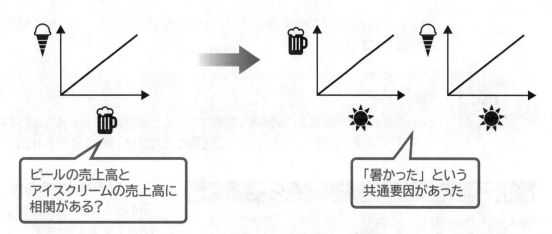

ビールの売上高とアイスクリームの売上高に相関がある?

「暑かった」という共通要因があった

1　価格と売上個数の関係の分析

ジューススタンドでは、定番商品と季節限定商品を販売しています。定番商品は売れ行きがほぼ安定しているため、決まった量、決まった金額の仕入れを行い、毎月同じ価格で販売しています。これに対し、季節限定商品は、産地や旬にこだわったフルーツを使うため、商品によって価格が変動します。

次のデータは、季節限定商品の価格と売上個数の記録です。月ごとに価格が異なっています。

	A	B	C	D	E	F
1	季節限定商品　月別売上					
2						
3	年月	価格	個数	予測売上個数	残差	
4	2019年1月	400	180			
5	2019年2月	400	125			
6	2019年3月	430	101			
7	2019年4月	430	88			
8	2019年5月	400	165			
9	2019年6月	350	209			
10	2019年7月	430	154			
11	2019年8月	400	156			
12	2019年9月	350	237			
13	2019年10月	430	59			
14	2019年11月	430	103			
15	2019年12月	350	156			
16	2020年1月	350	165			
17	2020年2月	430	107			
18	2020年3月	400	200			

まずは、価格と売上個数に関係性があるかを確認するため、散布図で視覚化し、相関係数を求めてみましょう。

Try!!　操作しよう

シート「季節限定商品売上」の価格と個数をもとに、散布図を作成しましょう。次に、分析ツールを使って、相関係数を求めましょう。結果の出力先は、新しいシート「売上相関」とします。

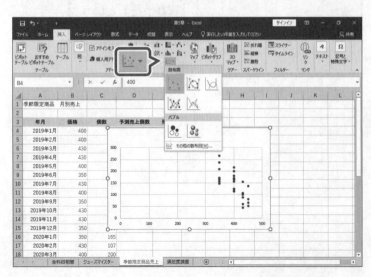

① シート「**季節限定商品売上**」のセル範囲【**B4：C33**】を選択します。

② 《**挿入**》タブ→《**グラフ**》グループの（散布図（X,Y）またはバブルチャートの挿入）→《**散布図**》の《**散布図**》をクリックします。

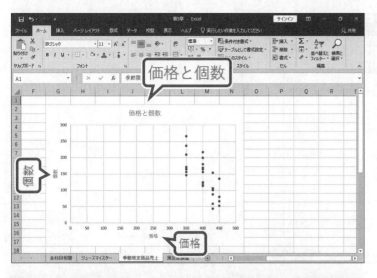

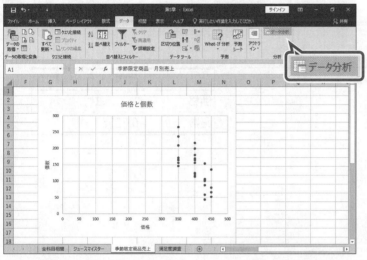

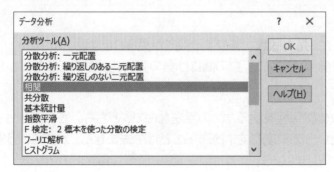

散布図が作成されます。

③図のようにグラフタイトルと軸ラベルを設
　定します。

※グラフの位置とサイズを調整しておきましょう。

※次の操作のために、グラフの選択を解除しておきま
　しょう。

相関係数を求めます。

④《データ》タブ→《分析》グループの
　🔲 データ分析 （データ分析ツール）をクリック
　します。

《データ分析》ダイアログボックスが表示され
ます。

⑤《相関》を選択します。

⑥《OK》をクリックします。

《相関》ダイアログボックスが表示されます。

⑦《入力範囲》をクリックし、カーソルを表示
　します。

⑧セル範囲【B3:C33】を選択します。

⑨《先頭行をラベルとして使用》を☑にします。

⑩《新規ワークシート》を◉にし、「売上相関」
　と入力します。

⑪《OK》をクリックします。

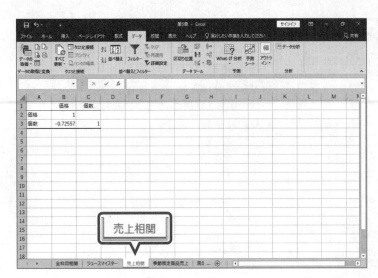

シート「**売上相関**」に価格と個数の相関係数が表示されます。

Check!! 結果を確認しよう

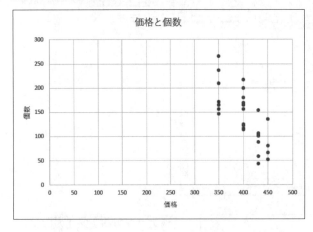

	価格	個数
価格	1	
個数	-0.72557	1

散布図を見ると、価格が高いほど、売上個数が減少する傾向が見られます。
相関係数は-0.72…で、価格と個数の2つの変数の間には負の強い相関があることがわかります。

しかし、相関分析は、2つの変数の関係性を見るための手法なので、どちらの変数がどちらの変数に影響を与えているかという因果関係を判断することはできません。次から、因果関係を判断するための手法を確認しましょう。

2 2つの変数の因果関係

データを分析する場合は、原因を探り、対策を講じるという目的があることも多いでしょう。その場合、2つの変数のどちらかを「**原因変数**」、もう一方を「**結果変数**」として、因果関係を考えます。

価格と個数の場合、どちらが原因変数で、どちらが結果変数といえるでしょうか？「**価格が安くなったり高くなったりしたら、それに応じて、売上個数が増えたり減ったりする**」という関係が見えるので、「**価格**」が原因変数で、「**個数**」が結果変数と考えられます。

データ分析では、原因変数をx、結果変数をyで表します。

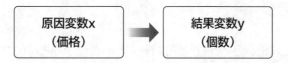

因果関係が想定できるデータで散布図を作成する場合、横軸（x軸）に原因変数、縦軸（y軸）に結果変数を割り当てます。横軸の値が増減したとき（原因）、縦軸の値がどう変わるか（結果）を確認できます。

結果変数 →

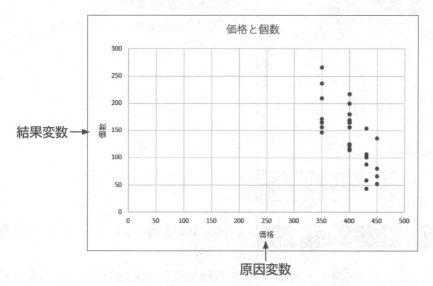

原因変数と結果変数の関係は、直線の式「**y＝ax＋b**」という式に当てはめることができます。これは1次関数の数式で「**回帰式**」といいます。

y＝ax＋bのaは「**傾き**」です。xが1増えた場合にyがどれくらい変化するかを表します。つまり、傾きはxからyへの影響の仕方を表します。bは「**切片**」です。xが0のときのyの値です。

傾きaの値、切片bの値がわかれば、式に値を代入するだけで、「**明日、今日より10個多く売りたい**」としたら「**いくら値引きをすればいいか**」というような予測として使うこともできます。

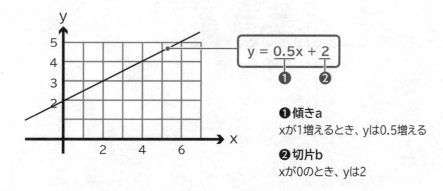

❶傾きa
xが1増えるとき、yは0.5増える

❷切片b
xが0のとき、yは2

3　近似曲線を使った売上個数の予測

散布図に直線の式「y=ax+b」を当てはめ、価格によって変動する売上個数を予測してみましょう。

1 近似曲線の追加

散布図に「近似曲線」の「線形近似」を追加すると、2つの変数の関係が、各点の近くを通る直線で描かれます。また、直線の式も表示できます。

Try!! 操作しよう

散布図に近似曲線を追加しましょう。近似曲線は線形近似を使い、直線の式を表示します。

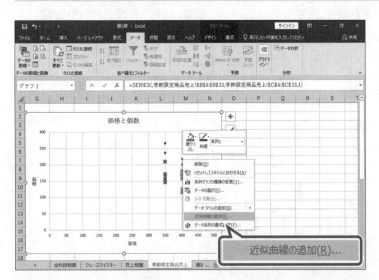

①シート「季節限定商品売上」の散布図の点を右クリックします。

※どの点でもかまいません。

②《近似曲線の追加》をクリックします。

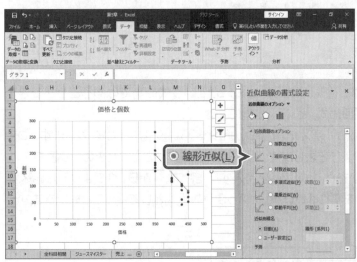

《近似曲線の書式設定》作業ウィンドウが表示されます。

③《近似曲線のオプション》の　　（近似曲線のオプション）をクリックします。

④《近似曲線のオプション》の詳細が表示されていることを確認します。

※表示されていない場合は、《近似曲線のオプション》をクリックします。

⑤《線形近似》が ⦿ になっていることを確認します。

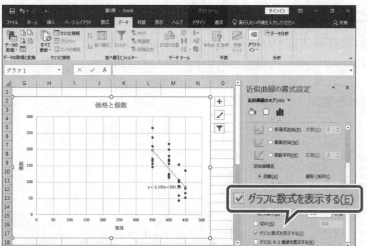

⑥《グラフに数式を表示する》を☑にします。
※表示されていない場合は、スクロールして調整します。

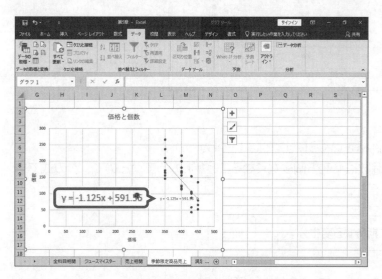

散布図に近似曲線と直線の式が表示されます。

※《近似曲線の書式設定》作業ウィンドウを閉じておきましょう。

Check!! 結果を確認しよう

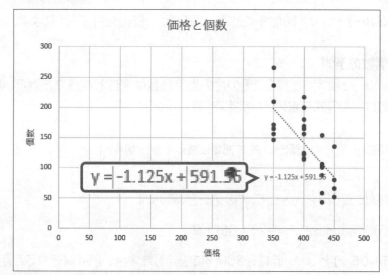

直線の式として「y＝-1.125x+591.56」が表示されています。yが個数、xが価格なので、**「個数＝-1.125×価格+591.56」**と表せます。

傾きの値を見ると、xが1増えた場合にyがどれくらい変化するかがわかります。

傾きaの値は、-1.125なので、価格が1円上がると、売上個数は1.125個少なくなるということがわかります。

2 式を使った価格と売上個数の予測

近似曲線を追加して求められた直線の式「y＝-1.125x+591.56」を使って、価格と売上個数を予測することができます。

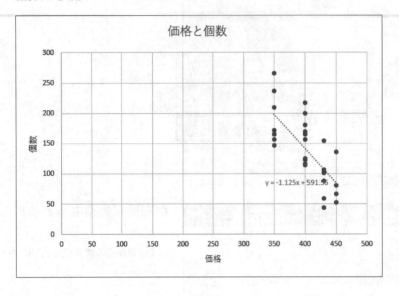

●価格の予測

10個多く売り上げるには、価格をいくらにすればよいでしょうか？

価格が1円上がると、売上個数は1.125個少なくなることがわかっているので、次の式で求められます。

$$\boxed{\text{動かすxの値}} = \boxed{\text{yに期待する変化分}} \div \boxed{\text{傾き}}$$

yに期待する変化分に10個を代入して、xの値を計算します。

10÷（-1.125）＝-8.88…円

xは「-8.88…」となり、10個多く売り上げるには、価格を9円下げればよいといえます。

●売上個数の予測

価格を300円に設定した場合、その月の売上個数は何個と期待できるでしょうか？

期待個数は、次の式で求められます。

$$\boxed{\text{期待個数y}} = \boxed{\text{傾き}} \times \boxed{\text{想定価格x}} + \boxed{\text{切片}}$$

想定価格xに300円を代入して、yの値を計算します。

（-1.125）×300+591.56＝254.06…個

yは「**254.06…**」となり、価格を300円に設定した場合、254個売れると期待できるといえます。

このように2つの変数を式の形で具体化することで、xからyへの影響の仕方を特定したり、任意のxの値でyの値を予測したりできるようになります。

近似曲線を追加して求められた直線の式「y=-1.125x+591.56」を使って、売上アップにつながるヒントを探してみましょう。

1 残差からヒントを探す

直線の式を使って、売上個数の予測ができることがわかりました。しかし、計算上の予測値と実際の値は、必ずしも一致するとは限りません。この計算上の予測値と実際の値の差を「**残差**」といいます。

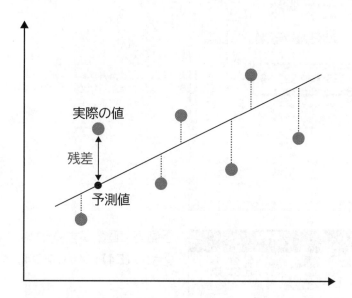

残差は、分析に採用した原因変数では説明できない部分を表しています。残差が大きい場合には、原因変数以外の要因が影響している可能性が考えられます。

ここでは、価格を原因変数、個数を結果変数として分析を行いました。しかし、売上個数が価格の高低で説明できるということは想像がつくため、新しいヒントはなかなか見つかりません。

そこで、残差を求めて、「**価格からの影響では説明できない部分**」に着目し、売上アップにつながるヒントが隠されている場所を探してみましょう。

予測売上個数と残差を求めましょう。
予測売上個数は、直線の式「y＝-1.125x+591.56」を使い、価格xには、B列の値を代入します。残差は、C列の実際の個数からD列に求めた予測売上個数を引いて求めます。

Try!! 操作しよう

D列に予測売上個数、E列に残差を求めましょう。

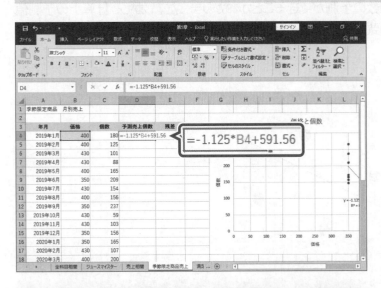

①セル【D4】に「=-1.125*B4+591.56」と入力します。

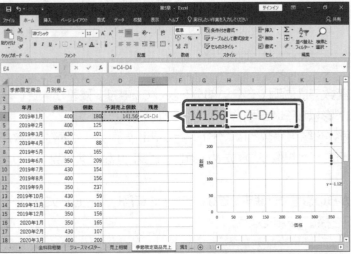

予測売上個数が求められます。
②セル【E4】に「=C4-D4」と入力します。

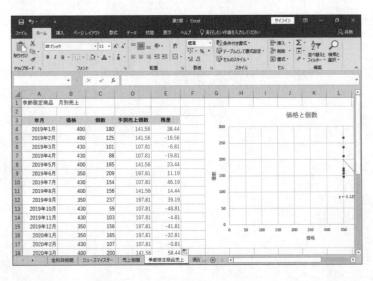

残差が求められます。
③セル範囲【D4:E4】を選択し、セル範囲右下の■（フィルハンドル）をダブルクリックします。
数式がコピーされます。

	A	B	C	D	E	F
1	季節限定商品　月別売上					
2						
3	**年月**	**価格**	**個数**	**予測売上個数**	**残差**	
4	2019年1月	400	180	141.56	38.44	
5	2019年2月	400	125	141.56	-16.56	
6	2019年3月	430	101	107.81	-6.81	
7	2019年4月	430	88	107.81	-19.81	
8	2019年5月	400	165	141.56	23.44	
9	2019年6月	350	209	197.81	11.19	
10	2019年7月	430	154	107.81	46.19	
11	2019年8月	400	156	141.56	14.44	
12	2019年9月	350	237	197.81	39.19	
13	2019年10月	430	59	107.81	-48.81	
14	2019年11月	430	103	107.81	-4.81	
15	2019年12月	350	156	197.81	-41.81	
16	2020年1月	350	165	197.81	-32.81	
17	2020年2月	430	107	107.81	-0.81	
18	2020年3月	400	200	141.56	58.44	
19	2020年4月	400	165	141.56	23.44	
20	2020年5月	450	66	85.31	-19.31	
21	2020年6月	450	52	85.31	-33.31	
22	2020年7月	350	171	197.81	-26.81	
23	2020年8月	350	266	197.81	68.19	
24	2020年9月	450	136	85.31	50.69	
25	2020年10月	400	123	141.56	-18.56	
26	2020年11月	400	114	141.56	-27.56	
27	2020年12月	400	116	141.56	-25.56	
28	2021年1月	450	80	85.31	-5.31	
29	2021年2月	350	165	197.81	-32.81	
30	2021年3月	350	147	197.81	-50.81	
31	2021年4月	430	44	107.81	-63.81	
32	2021年5月	400	169	141.56	27.44	
33	2021年6月	400	217	141.56	75.44	
34						

予測売上個数を見ると、価格が400円の月は141.56個、430円の月は107.81個と計算されます。しかし、同じ400円で売った月でも、実際の売上個数は180個だったり、125個だったりと予測売上個数とずれがあります。

予測の外れ具合を計算した残差を見ると、2020年2月のように予測とほぼ同じ月もあれば、2021年6月のように予測から大きく外れている月もあります。このような残差の大きい箇所に注目することで、売上アップにつながるヒントが得られる可能性があります。

例えば、残差の大きい2021年6月は、なぜ予測よりもかなり多く売れたのかについて調べてみると「**季節限定ジュースがSNSで話題になって購入者が増えた**」というように、原因変数に採用した価格以外の要因が見えてくるかもしれません。

2 決定係数からヒントを探す

原因変数と結果変数の関係は、直線の式「$y=-1.125x+591.56$」で表すことができました。この直線の式がどれくらい実際のデータに当てはまっているのかを表す指標を「**決定係数**」、「R^2」といいます。決定係数は0から1の範囲で、1に近いほど実際の値と式との当てはまりがよく、0に近いと当てはまりがよくないことを示しています。式の当てはまりがよければ、原因変数で結果変数の増減が説明できているといえます。

散布図の近似曲線に決定係数を表示すると、想定した原因変数（価格）で、結果変数（売上個数）の増減のどれくらいを説明できるのか判断できます。

Try!! 操作しよう
近似曲線に決定係数を表示しましょう。

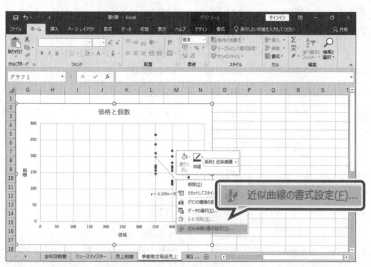

①近似曲線を右クリックします。
②《**近似曲線の書式設定**》をクリックします。

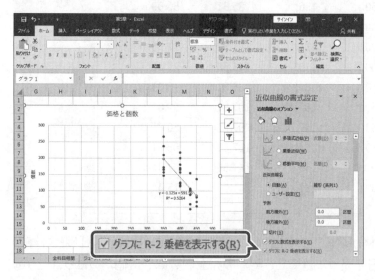

《**近似曲線の書式設定**》作業ウィンドウが表示されます。

③《**近似曲線のオプション**》の 📊（近似曲線のオプション）をクリックします。

④《**近似曲線のオプション**》の詳細が表示されていることを確認します。

※表示されていない場合は、《**近似曲線のオプション**》をクリックします。

⑤《**グラフにR-2乗値を表示する**》を ☑ にします。

※表示されていない場合は、スクロールして調整します。

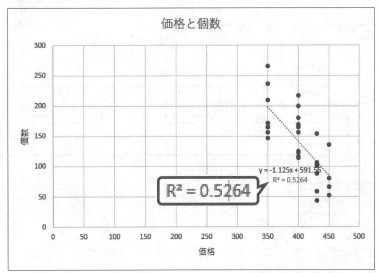

決定係数が表示されます。

※《近似曲線の書式設定》作業ウィンドウを閉じておきましょう。

※次の操作のために、グラフの選択を解除しておきましょう。

Check!! 結果を確認しよう

散布図に「R^2=0.5264」と表示されます。決定係数は100倍してパーセントで考えるとわかりやすいです。価格xで、売上個数yの増減を52.64％説明できるという意味になります。逆に言うと、($1-R^2$) ％は、価格以外の要因があるということになります。この価格以外の要因を探すことも重要です。

👆POINT　決定係数の評価基準

決定係数を求めると、「いくつ以上であればよいのか?」という疑問がわきます。これに対する答えは「決定係数は、いくつ以上であればよいという指標ではない」ということになります。

売上個数の変化について「価格だけで52.64％も説明できるんだ」と感じれば、決定係数は大きいという評価になり、「価格だけで52.64％しか説明できないんだ」と感じれば、決定係数は小さいという評価になるからです。つまり、決定係数は分析に採用した原因変数xで説明できる結果変数yの動きを割合として示しているだけで、解釈は分析者側がする指標だということを覚えておきましょう。

5　分析ツールを使った回帰分析

ここまでデータに直線を当てはめるという手法で、原因と結果の関係を分析してきました。このように原因変数が結果変数にどれくらい影響を与えるかを数値化し、関係を式で表す手法を「**回帰分析**」といいます。回帰分析は、散布図や近似曲線を使う方法だけでなく、分析ツールを使って行うこともできます。

分析ツールを使って回帰分析を行うと、「**概要**」、「**分散分析表**」、「**残差出力**」の順に結果が出力されます。

この中から、決定係数、切片と傾きの値、p値の3つの指標を確認しましょう。

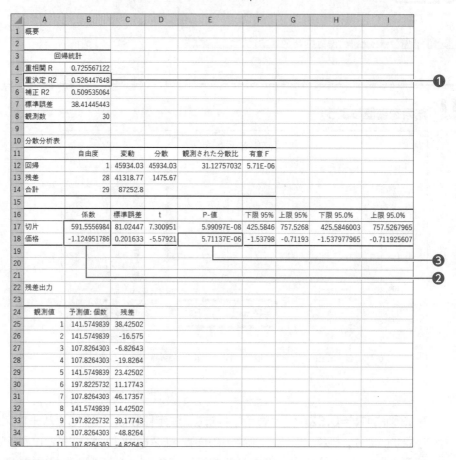

❶重決定R2
決定係数の値です。

❷係数：切片と傾き
回帰式の切片と傾きの値です。散布図に直線を当てはめて求めた値と同じです。

❸P-値
p値（有意確率）の値です。散布図では求められない指標です。
仮説検定のp値と同じく、仮説がどれくらい偶然であるかを判断するために使います。回帰分析では「**原因変数が結果変数に影響を与える**」という仮説をもとに検証します。偶然である確率を表すp値が0に近ければ偶然である可能性は低いので、原因変数が結果変数に影響を与えたといえると判断できます。一般的には、5%有意水準を採用することが多いです。

分析ツールの回帰分析を使って、原因変数と結果変数の関係を確認しましょう。

Try!! 操作しよう

分析ツールの回帰分析を使って、価格が売上個数にどれくらい影響しているかを分析しましょう。結果の出力先は新しいシート「回帰分析」とし、残差も出力します。

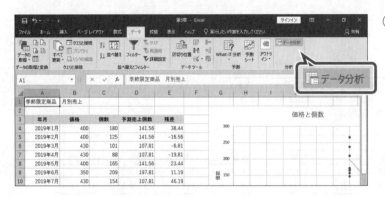

①《データ》タブ→《分析》グループの
 データ分析 （データ分析ツール）をクリックします。

《データ分析》ダイアログボックスが表示されます。
②《回帰分析》を選択します。
③《OK》をクリックします。

《回帰分析》ダイアログボックスが表示されます。
④《入力Y範囲》にカーソルが表示されていることを確認します。
⑤セル範囲【C3:C33】を選択します。
※結果変数を指定します。
⑥《入力X範囲》にカーソルを表示します。
⑦セル範囲【B3:B33】を選択します。
※原因変数を指定します。
⑧《ラベル》を☑にします。
⑨《新規ワークシート》を◉にし、「回帰分析」と入力します。
⑩《残差》を☑にします。
⑪《OK》をクリックします。

シート「回帰分析」に回帰分析の結果が出力されます。
※列幅を調整しておきましょう。

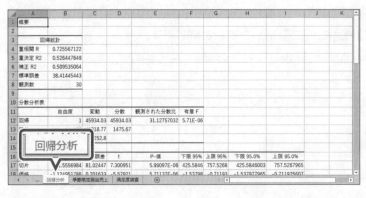

Check!! 結果を確認しよう

	A	B	C	D	E	F	G	H	I
1	概要								
2									
3		回帰統計							
4	重相関 R	0.725567122							
5	重決定 R2	0.526447648							
6	補正 R2	0.509535064							
7	標準誤差	38.41445443							
8	観測数	30							
9									
10	分散分析表								
11		自由度	変動	分散	観測された分散比	有意 F			
12	回帰	1	45934.03	45934.03	31.12757032	5.71E-06			
13	残差	28	41318.77	1475.67					
14	合計	29	87252.8						
15									
16		係数	標準誤差	t	P-値	下限 95%	上限 95%	下限 95.0%	上限 95.0%
17	切片	591.5556984	81.02447	7.300951	5.99097E-08	425.5846	757.5268	425.5846003	757.5267965
18	価格	-1.124951786	0.201633	-5.57921	5.71137E-06	-1.53798	-0.71193	-1.537977965	-0.711925607
19									
20									
21									
22	残差出力								
23									
24	観測値	予測値: 個数	残差						
25	1	141.5749839	38.42502						
26	2	141.5749839	-16.575						
27	3	107.8264303	-6.82643						
28	4	107.8264303	-19.8264						
29	5	141.5749839	23.42502						
30	6	197.8225732	11.17743						
31	7	107.8264303	46.17357						
32	8	141.5749839	14.42502						
33	9	197.8225732	39.17743						
34	10	107.8264303	-48.8264						
35	11	107.8264303	-4.82643						

重決定R2、係数：切片と価格（傾き）の値は、近似曲線を使って求めた値と同じ結果です。小数点以下の桁数は四捨五入して調整すると確認しやすくなります。

係数：切片と価格（傾き）を見ると、切片が591.56、傾きが-1.125です。「**売上個数＝ -1.125×価格＋591.56**」という回帰式が求められたという意味です。また、重決定R2を見ると0.5264なので、価格xで、売上個数yの増減が52.64%説明できるという意味になります。

価格のp値は「**5.71137E-06**」と表示されています。これは5.71137×10^{-6}、すなわち「0.00000571…」のことです。0.05より小さいので、「**5%有意水準で、価格は売上個数に影響しているといえる**」と判断できることになります。

近似曲線では、p値を求めることができないため、回帰分析でp値を確認することが重要です。

22行目以降に出力されている残差も先に計算した結果と同じです。

POINT 回帰分析の注意点

回帰分析を誤用しないよう、次のような点に注意しましょう。

●回帰分析は、直線関係（線形近似）の当てはめである

回帰分析では、「y＝ax＋b」という式を当てはめるので、直線関係にないデータへの適用には向いていません。そのため、回帰分析を行う前には、散布図で関係の形を確認します。

●yとxを逆にすると意味が変わる

原因変数と結果変数を入れ替えても、決定係数（R^2）の値は変わりません。しかし、売上個数が増えれば、価格が下がるという仮説になってしまい、意味が変わってしまいます。分析者が想定した仮説をもとに、因果関係が成立するかをよく考えて分析しましょう。

STEP UP 直線以外の傾向にも式を当てはめてみよう

今回は、散布図に近似曲線を追加する方法で、直線（回帰式）を当てはめ、xからyへの影響を分析しました。ただし、実際のデータは、必ずしも直線関係ばかりとは限りません。例えば、アイスクリームの売上個数をその日の最高気温で説明することを考えてみましょう。暑くなるほど、急に売上が増えると予想されます。

次の図は、横軸に最高気温、縦軸にアイスクリームの売上個数をとった散布図です。点の傾向は、直線というよりは、曲線を描いて急増しているように見えます。このようにデータが次第に大きく増減する場合、データの傾向を適切に表す直線以外の式を使って分析することもできます。

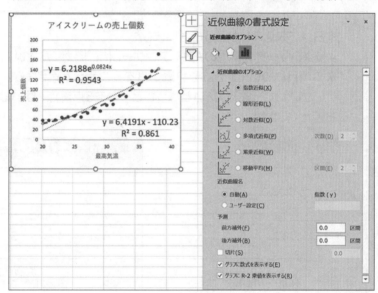

1　アンケート項目の検討

売上アップを目指すには、お客様のニーズに合った商品やサービス向上が必須です。一度購入したお客様が商品やサービスを気に入って、繰り返し購入してくれたり、人に勧めてくれたりすることで、ジューススタンドのファンが増えて、売上アップにつながると考えました。そこで、アンケートを作成し、お客様の満足度を調査することにしました。

調査項目には、おいしさ、サイズ、健康への配慮、見た目の良さ、支払方法の豊富さを設定し、満足度がどれくらいであるかを5段階で評価してもらいます。

アンケート調査の設計と分析の最大のポイントは、**「何がわかったら役に立つのか」＝「何かの変数が何に影響するのか」**という原因と結果の関係を考えることです。

例えば、どの調査項目の満足度を上げれば繰り返し購入してくれるのかという関係を分析する場合、調査項目が原因、繰り返し購入したいという購入意向を結果として、回帰分析を行います。

本日はご来店ありがとうございました。
よりよいサービス実現のため、アンケートにご協力ください。
次の項目について、それぞれ満足度を5点満点（満足なら5、不満なら1）でお答えください。また購入したいと思うかどうかを5点満点（はいなら5、いいえなら1）でお答えください。

	満足	どちらともいえない	不満
おいしさ	5　・　4　・　3　・　2　・　1		
サイズ	5　・　4　・　3　・　2　・　1		
健康への配慮	5　・　4　・　3　・　2　・　1		
見た目の良さ	5　・　4　・　3　・　2　・　1		
支払方法の豊富さ	5　・　4　・　3　・　2　・　1		

原因 ─

	はい	どちらともいえない	いいえ
また購入したいと思いますか	5　・　4　・　3　・　2　・　1		

結果 ─

STEP UP 質的変数を使った回帰分析

回帰分析では、満足度や個数、金額など量的変数を使用します。性別やクーポン券の有無など質的変数を使って分析をしたい場合、数字に置き換えた「ダミー変数」を作成します。ダミー変数は二者択一で「0」または「1」を入力します。

例えば、クーポン券の有無の影響を調べる場合、「あり」を「1」、「なし」を「0」にするダミー変数を作成して分析を行うことができます。

	A	B	C	D	E	F	G	H	I
1	ID	クーポン券の有無	ダミー変数	おいしさ	サイズ	健康への配慮	見た目の良さ	支払方法の豊富さ	購入意向
2	1	あり	1	4	3	3	3	5	4
3	2	なし	0	5	5	5	4	3	5
4	3	あり	1	3	2	4	3	3	2
5	4	なし	0	5	3	3	3	3	2
6	5	なし	0	4	2	3	2	2	2
7	6	あり	1	5	3	3	4	5	5
8	7	なし	0	5	4	3	4	3	4
9	8	あり	1	4	4	3	3	4	5
10	9	あり	1	4	3	4	3	2	2
11	10	なし	0	4	3	2	3	3	3
12	11	あり	1	3	3	3	2	3	3
13	12	なし	0	3	3	4	3	2	2
14	13	あり	1	3	3	4	4	3	4
15	14	なし	0	5	3	3	4	2	3
16	15	なし	0	4	3	4	3	2	2

あり→1
なし→0

ダミー変数を作成するには、「IF関数」を使うと便利です。
IF関数の書式は、次のとおりです。

=IF（論理式, 真の場合, 偽の場合）
　　　　❶　　　❷　　　　❸

❶論理式
判断の基準となる条件を式で指定します。
❷真の場合
論理式の結果が真（TRUE）の場合の処理を数値または数式、文字列で指定します。
❸偽の場合
論理式の結果が偽（FALSE）の場合の処理を数値または数式、文字列で指定します。

	A	B	C	D	E	F	G	H	I
1	ID	クーポン券の有無	ダミー変数	おいしさ	サイズ	健康への配慮	見た目の良さ	支払方法の豊富さ	購入意向
2	1	あり	=IF(B2="あり",1,0)		3	3	3	5	4
3	2	なし	0	5	5	5	4	3	5
4	3	あり	1					3	2
5	4	なし						3	2
6	5	なし						2	2
7	6	あり						5	5
8	7	なし	0		4	3	4	3	4
9	8	あり	1	4	4	3	3	4	5
10	9	あり	1	4	3	4	3	2	2
11	10	なし	0	4	3	2	3	3	3
12	11	あり	1	3	3	3	2	3	3
13	12	なし	0	3	3	4	3	2	2
14	13	あり	1	3	3	4	4	3	4
15	14	なし	0	5	3	3	4	2	3
16	15	なし	0	4	3	4	3	2	2

=IF(B2="あり",1,0)

2　重回帰分析を使ったアンケート結果の分析

原因変数が結果変数にどれくらい影響を与えるのかという因果関係を分析するには、回帰分析を使います。原因変数が1つの場合の回帰分析を「**単回帰分析**」といいます。これに対して、原因変数が複数の場合の回帰分析を「**重回帰分析**」といいます。

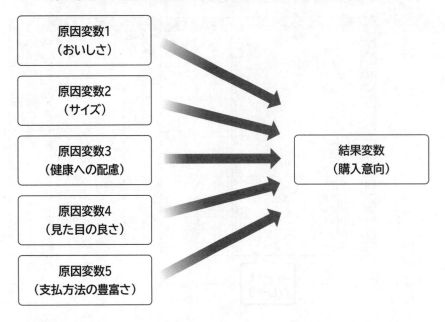

単回帰分析では、「y=ax+b」という直線の式（回帰式）を使いました。

重回帰分析でも同様の式を使います。式をわかりやすくするため、複数ある原因変数を、添え字を使って表現します。

原因変数xをn個にした重回帰分析の式は次のとおりです。aが傾き、bが切片を表します。

$$y = a_1 x_1 + a_2 x_2 + \cdots + a_n x_n + b$$

この式に変数名を入れると次のようになります。

購入意向 $= a_1 \times$ おいしさ $+ a_2 \times$ サイズ $+ a_3 \times$ 健康への配慮

$+ a_4 \times$ 見た目の良さ $+ a_5 \times$ 支払方法の豊富さ $+ b$

分析ツールの回帰分析を使って、複数ある原因変数と結果変数の関係を確認しましょう。

Try!!　操作しよう

分析ツールの回帰分析を使って、シート「満足度調査」の各項目が購入意向にどれくらい影響しているかを分析しましょう。結果の出力先は新しいシート「重回帰分析」とし、残差も出力します。

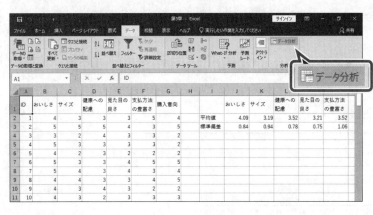

① シート「**満足度調査**」を表示します。
② 《データ》タブ→《分析》グループの
　 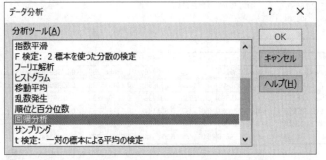 （データ分析ツール）をクリック
　 します。

《データ分析》ダイアログボックスが表示され
ます。
③ 《回帰分析》を選択します。
④ 《OK》をクリックします。

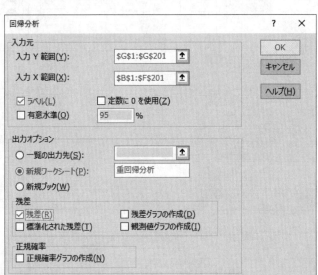

《回帰分析》ダイアログボックスが表示されます。
⑤ 《入力Y範囲》にカーソルを表示します。
※前の設定が残っている場合は、カーソルは末尾に表
　 示します。
⑥ セル範囲【G1：G201】を選択します。
※結果変数を指定します。
⑦ 《入力X範囲》にカーソルを表示します。
⑧ セル範囲【B1：F201】を選択します。
※原因変数を指定します。
⑨ 《ラベル》を ☑ にします。
⑩ 《新規ワークシート》を ◉ にし、「**重回帰分
　 析**」と入力します。
⑪ 《残差》を ☑ にします。
⑫ 《OK》をクリックします。

シート「**重回帰分析**」に重回帰分析の結果が
出力されます。
※列幅を調整しておきましょう。

※分析ツールを無効にしておきましょう。分析ツールを
　 無効にするには、《ファイル》タブ→《オプション》→
　 左側の一覧から《アドイン》を選択→《管理》の ▾ →
　 《Excelアドイン》→《設定》→《分析ツール》を ☐ に
　 します。
※お使いの環境によっては、《オプション》が表示され
　 ていない場合があります。その場合は、《その他》→
　 《オプション》をクリックします。

Check!! 結果を確認しよう

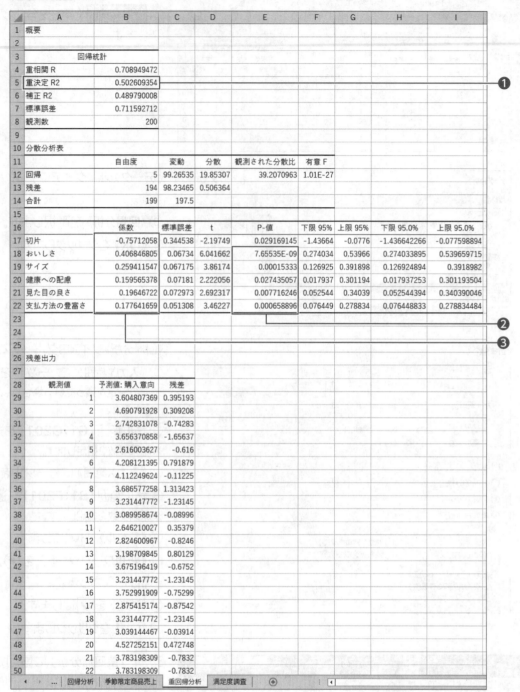

	A	B	C	D	E	F	G	H	I
1	概要								
2									
3		回帰統計							
4	重相関 R	0.708949472							
5	重決定 R2	0.502609354							❶
6	補正 R2	0.489790008							
7	標準誤差	0.711592712							
8	観測数	200							
9									
10	分散分析表								
11		自由度	変動	分散	観測された分散比	有意 F			
12	回帰	5	99.26535	19.85307	39.2070963	1.01E-27			
13	残差	194	98.23465	0.506364					
14	合計	199	197.5						
15									
16		係数	標準誤差	t	P-値	下限 95%	上限 95%	下限 95.0%	上限 95.0%
17	切片	-0.75712058	0.344538	-2.19749	0.029169145	-1.43664	-0.0776	-1.436642266	-0.077598894
18	おいしさ	0.406846805	0.06734	6.041662	7.65535E-09	0.274034	0.53966	0.274033895	0.539659715
19	サイズ	0.259411547	0.067175	3.86174	0.00015333	0.126925	0.391898	0.126924894	0.3918982
20	健康への配慮	0.159565378	0.07181	2.222056	0.027435057	0.017937	0.301194	0.017937253	0.301193504
21	見た目の良さ	0.19646722	0.072973	2.692317	0.007716246	0.052544	0.34039	0.052544394	0.340390046
22	支払方法の豊富さ	0.177641659	0.051308	3.46227	0.000658896	0.076449	0.278834	0.076448833	0.278834484
23									❷
24									
25									❸
26	残差出力								
27									
28		観測値	予測値: 購入意向	残差					
29	1	3.604807369	0.395193						
30	2	4.690791928	0.309208						
31	3	2.742831078	-0.74283						
32	4	3.656370858	-1.65637						
33	5	2.616003627	-0.616						
34	6	4.208121395	0.791879						
35	7	4.112249624	-0.11225						
36	8	3.686577258	1.313423						
37	9	3.231447772	-1.23145						
38	10	3.089958674	-0.08996						
39	11	2.646210027	0.35379						
40	12	2.824600967	-0.8246						
41	13	3.198709845	0.80129						
42	14	3.675196419	-0.6752						
43	15	3.231447772	-1.23145						
44	16	3.752991909	-0.75299						
45	17	2.875415174	-0.87542						
46	18	3.231447772	-1.23145						
47	19	3.039144467	-0.03914						
48	20	4.527252151	0.472748						
49	21	3.783198309	-0.7832						
50	22	3.783198309	-0.7832						

‹ › … | 回帰分析 | 季節限定商品売上 | 重回帰分析 | 満足度調査 | ⊕

❶ 重決定R2

重決定R2の値は、0.5026…です。購入意向yが高かったり低かったりするという違いを「**おいしさ**」から「**支払方法の豊富さ**」までの5つの原因変数で説明しようとした場合、50.26%説明できることがわかります。

❷ P-値

係数のp値は、どれも0.05より小さいので、5%有意水準で有意であると判断できます。つまり、「**おいしさ**」から「**支払方法の豊富さ**」までの5つの原因変数は、それぞれ購入意向yに影響しているといえます。

第5章 関係性を分析してビジネスヒントを見つけよう

❸ 係数

出力結果を重回帰分析の式に当てはめると、次のようになります。数値は小数第3位で四捨五入しています。

$$購入意向 = 0.41 \times おいしさ + 0.26 \times サイズ + 0.16 \times 健康への配慮$$
$$+ 0.20 \times 見た目の良さ + 0.18 \times 支払方法の豊富さ + (-0.76)$$

それぞれの係数は、対応する原因変数xが1単位動いたときの結果変数yの動き方を表しています。
すなわち、次のような関係になります。

・おいしさの満足度を1点高める	→ 購入意向が0.41上がる
・サイズの満足度を1点高める	→ 購入意向が0.26上がる
・健康への配慮の満足度を1点高める	→ 購入意向が0.16上がる
・見た目の良さの満足度を1点高める	→ 購入意向が0.20上がる
・支払方法の豊富さの満足度を1点高める	→ 購入意向が0.18上がる

この結果から、5つの原因変数のうち、おいしさの満足度を上げることが購入意向への影響が最も大きいことがわかります。

売上アップのために、繰り返し購入してくれるお店のファンを増やすには、おいしさにこだわった商品づくりを行うことが重要であるといえます。ただし、このアンケートでは、「おいしさ」という基準で尋ねていますが、お客様にとっての「おいしさ」がどのようなものであるのかは、人によって異なっている可能性があります。フルーツや野菜の新鮮さ、甘味、酸味、苦み、香り、のどごしなど、ジュースに求めるおいしさの基準を、さらにアンケートや試飲などで調査を重ねる必要があるといえます。

また、他の原因変数も、それぞれ満足度を高めれば購入意向が上がるという影響があることがわかりました。

アンケートを分析する場合は、代表値を求めたり、クロス集計表を作成したりして点数を要約することも大切です。例えば、平均を求めると、サイズの満足度は最も低く、不満に感じているお客様が他の項目よりも多いことがわかります。サイズを今より大きくすればよいのか、小さくすればよいのか、複数のサイズから選択できればよいのかなど、こちらもさらに調査をする必要がありそうです。

	おいしさ	サイズ	健康への配慮	見た目の良さ	支払方法の豊富さ
平均値	4.09	3.19	3.52	3.21	3.52
標準偏差	0.84	0.94	0.78	0.75	1.06

※ブックに任意の名前を付けて保存し、閉じておきましょう。

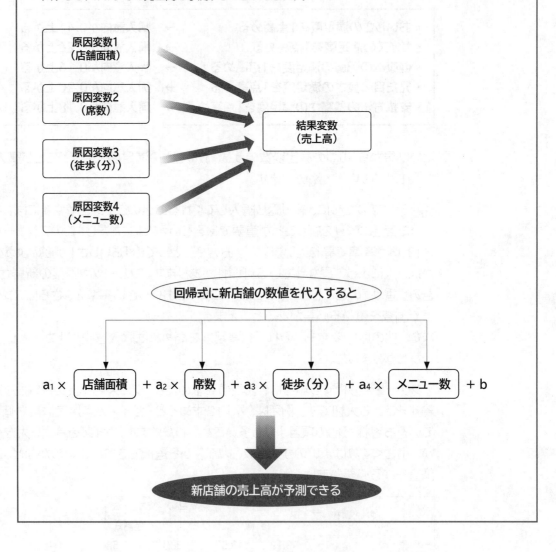

重回帰分析は、要因分析や予測などに活用できます。

●要因分析

重回帰分析で算出した係数から、原因変数の影響度を分析します。複数の変数の係数を比較すると、結果変数に最も大きい影響を与える原因変数がわかります。

●予測

重回帰分析によって得られた回帰式をもとに、原因変数へ任意の値を代入して、結果変数の値を予測することができます。

例えば、新店舗を出店しようと計画する場合、既存店のデータから新店舗のおおよその売上高を予測できます。店舗面積、席数、最寄りの駅からの徒歩（分）、メニュー数などを原因変数、売上高を結果変数として、重回帰分析を行い、回帰式を求めます。この回帰式に新店舗の面積などの値を代入すると、おおよその売上高を予測することができます。

原因変数1
（店舗面積）

原因変数2
（席数）

原因変数3
（徒歩（分））

原因変数4
（メニュー数）

結果変数
（売上高）

回帰式に新店舗の数値を代入すると

$a_1 \times$ 店舗面積 $+ a_2 \times$ 席数 $+ a_3 \times$ 徒歩（分） $+ a_4 \times$ メニュー数 $+ b$

新店舗の売上高が予測できる

重回帰分析を行う場合には、大きな注意点があります。それは、原因変数間に相関が高い組み合わせがあると、計算がうまくいかなくなるという問題です。これを「多重共線性」、「マルチコリニアリティ」、略して「マルチコ」といいます。

次の例は、「おいしさ」と全く同じ値が入っている変数「美味」を追加しています。

	A	B	C	D	E	F	G	H
1	ID	おいしさ	美味	サイズ	健康への配慮	見た目の良さ	支払方法の豊富さ	購入意向
2	1	4	4	3	3	3	5	4
3	2	5	5	5	5	4	3	5
4	3	3	3	2	4	3	3	2
5	4	5	5	3	3	3	3	2
6	5	4	4	2	3	2	2	2
7	6	5	5	3	3	4	5	5
8	7	5	5	4	3	3	5	4
9	8	4	4	4	4	3	4	5
10	9	4	4	3	4	3	2	2
11	10	4	4	3	2	3	3	3
12	11	3	3	3	3	2	3	3
13	12	3	3	3	4	3	2	2
14	13	3	3	3	4	4	3	4
15	14	5	5	3	3	4	2	3
16	15	4	4	3	4	3	2	2
17	16	5	5	2	4	4	3	3

これをもとに重回帰分析をした結果は、次のとおりです。

	A	B	C	D	E	F	G	H	I	J
1	概要									
2										
3		回帰統計								
4	重相関 R	0.708949472								
5	重決定 R2	0.502609354								
6	補正 R2	0.484635369								
7	標準誤差	0.711592712								
8	観測数	200								
9										
10	分散分析表									
11		自由度	変動	分散	観測された分散比	有意 F				
12	回帰	6	99.26535	16.54422	39.2070963	5.84E-31				
13	残差	194	98.23465	0.506364						
14	合計	200	197.5							
15										
16		係数	標準誤差	t	P-値	下限 95%	上限 95%	下限 95.0%	上限 95.0%	
17	切片	-0.75712058	0.344538	-2.19749	0.029169145	-1.43664	-0.0776	-1.436642266	-0.077598894	
18	おいしさ	0	0	65535	#NUM!	0	0	0	0	
19	美味	0.406846805	0.06734	6.041662	#NUM!	0.274034	0.53966	0.274033895	0.539659715	
20	サイズ	0.259411547	0.067175	3.86174	0.00015333	0.126925	0.391898	0.126924894	0.3918982	
21	健康への配慮	0.159565378	0.07181	2.222056	0.027435057	0.017937	0.301194	0.017937253	0.301193504	
22	見た目の良さ	0.19646722	0.072973	2.692317	0.007716246	0.052544	0.34039	0.052544394	0.340390046	
23	支払方法の豊富さ	0.177641659	0.051308	3.46227	0.000658896	0.076449	0.278834	0.076448833	0.278834484	

「美味」がなかった先ほどの分析では「おいしさ」が有意だったのに、「おいしさ」との相関が高い「美味」を追加したら、「おいしさ」と「美味」のp値がエラーになっています。また「おいしさ」の係数が先ほどとは全く異なる値になっていることがわかります。このように、相関が高い変数が含まれると、本来有意であった原因変数まで有意でなくなる現象が生じてしまうことがあります。

重回帰分析は、複数の原因変数を使うため、多重共線性に気を付けて利用することが大切です。

顧客満足度調査のデータを分析する場合、満足度と重要度をもとに、「CSポートフォリオ」を作成して、改善すべき項目を見つける手法があります。

散布図の横軸を「重要度」、縦軸を「満足度」として、それぞれの平均をプロットします。4つの象限のどこに入っているかで改善項目を判断します。

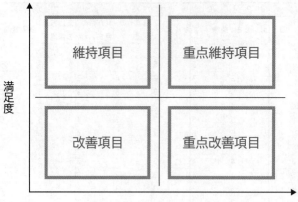

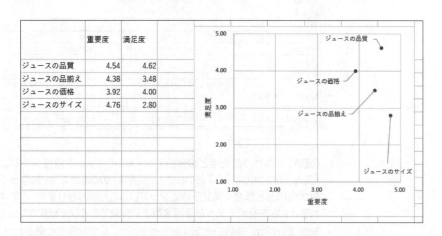

A	B	C	D	E	F	G	H	I
ID	満足：ジュースの品質	満足：ジュースの品揃え	満足：ジュースの価格	満足：ジュースのサイズ	重要：ジュースの品質	重要：ジュースの品揃え	重要：ジュースの価格	重要：ジュースのサイズ
1	4	3	4	2	4	5	4	4
2	5	4	4	4	4	5	4	5
3	5	4	5	1	3	5	5	5
4	5	3	4	3	5	4	4	5
5	5	3	5	3	3	5	5	5
6	5	3	4	2	3	5	5	5
7	5	3	4	2	3	4	5	5
8	5	3	4	3	3	4	5	5
9	5	3	4	2	5	5	5	5
10	5	4	4	5	5	5	4	5
11	5	3	4	1	5	3	4	5
12	5	4	5	4	5	4	5	5
13	5	3	4	2	5	4	4	5
14	5	3	5	3	5	5	5	5
15	3	2	3	2	5	5	5	3

	重要度	満足度
ジュースの品質	4.54	4.62
ジュースの品揃え	4.38	3.48
ジュースの価格	3.92	4.00
ジュースのサイズ	4.76	2.80

このケースでは、重要度も満足度も高い「ジュースの品質」がお店の強みである項目です。また、重要度が高いのに、満足度が低い「ジュースのサイズ」が改善すべき項目といえます。

第**6**章

シミュレーションして最適な解を探ろう

Step 1 最適な解を探る

1 最適化

売上データやアンケートの結果をもとにデータを分析すると、データの傾向やヒントを探ったり、目的を達成するためのアイデアを検討したりすることができました。しかし、アイデアをもとに、ビジネスにおいて意思決定を行うとき、数学の問題に対する答えのように1つしか正解がないということはありません。費用や人員、時間など様々な制約があり、それらを満たす複数の解決策から最も適切な答えを導き出す必要があります。制約がある中で、成果を最大または最小にする答えを求めることを**「最適化」**、その答えのことを**「最適解」**といいます。最適解は、目標値を設定し、制約を満たすように任意の値を変化させて導き出します。例えば、売上金額を10万円にするには、いくつ商品を売ればよいかと考える場合は、売上金額が目標値、売上個数が変化させる値となります。

「ゴールシーク」や「ソルバー」を使うと、複雑な式を設定しなくても、データをもとに、シミュレーションして、最適解を探ることができます。

●ゴールシーク
数式の計算結果（目標値）を設定して、その結果を得るために任意のセルの値を変化させて最適な値を導き出します。

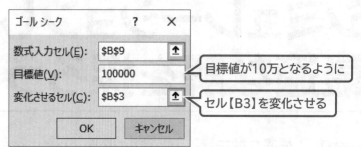

目標値が10万となるように
セル【B3】を変化させる

●ソルバー
数式の計算結果（目標値）を設定して、制約条件を満たす結果を得るために任意のセルの値を変化させて最適な値を導き出します。

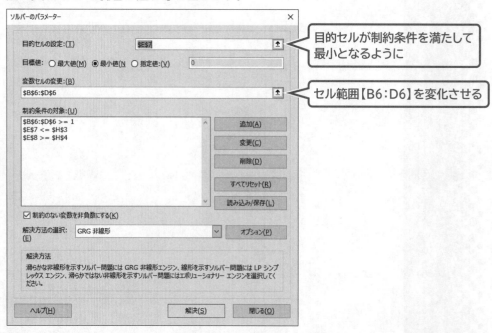

目的セルが制約条件を満たして最小となるように
セル範囲【B6:D6】を変化させる

Step2 最適な価格をシミュレーションする

1 ゴールシークを使った価格の試算

「売上目標を達成するには、商品をいくつ売ればよいのか」や「予算内で収めるには、人件費をいくらにすればよいのか」など、目標値から値を逆算する場面が多くあります。
そのようなときは、ゴールシークを使うと、目標値を得るための最適な値を導き出すことができます。ゴールシークは、単純な数式だけでなく、関数を使った複雑な数式なども簡単に逆算できます。

データ分析の結果、あまり売れていない商品であった「キャロット」を新商品「キャロット&マンゴー」として発売することにしました。お客様アンケートの結果を考慮し、おいしさや見た目にこだわった自信作になりました。
この新商品を発売するにあたって、商品の過去の売上を参考に、月の売上個数の目標を400個に設定しました。
また、原材料費やその他費用を次の表のように試算しました。

	A	B	C	D	E	F
1	新商品キャロット&マンゴー試算表					
2						
3	価格		円			
4	売上個数	400	個			
5	売上金額	0	円			●セル【B5】の式「=B3*B4」
6	原材料費	32,000	円 （1個あたり80円として試算）			
7	その他費用	12,000	円 （1個あたり30円として試算）			
8	費用計	44,000	円			
9	利益	-44,000	円			
10						

●セル【B8】の式
「=SUM(B6:B7)」
●セル【B9】の式
「=B5-B8」

●セル【B6】の式
「=80*B4」
●セル【B7】の式
「=30*B4」

これまで季節限定商品以外の価格は、一律300円と設定してきました。しかし、こだわりの材料を使ったため原材料費が上がり、価格が300円では利益が少なくなってしまいました。
そこで、利益が100,000円となるように、価格を設定したいと考えています。
ゴールシークを使って、最適な価格を導き出しましょう。

 **File OPEN** ブック「第6章」を開いておきましょう。

Try!! 操作しよう

ゴールシークを使って、利益が100,000円となるように、シート「**価格シミュレーション**」の
セル【B3】に価格を試算しましょう。

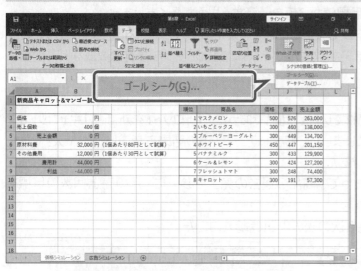

①シート「**価格シミュレーション**」を表示します。

②《**データ**》タブ→《**予測**》グループの What-If分析
　（What-If分析）→《**ゴールシーク**》をクリッ
　クします。

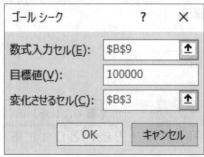

《**ゴールシーク**》ダイアログボックスが表示され
ます。

③《**数式入力セル**》に表示されている内容が
　反転表示になっていることを確認します。

※アクティブセルのセル番地が表示されます。

④セル【B9】を選択します。

⑤《**目標値**》に「**100000**」と入力します。

⑥《**変化させるセル**》にカーソルを表示します。

⑦セル【B3】を選択します。

⑧《**OK**》をクリックします。

図のようなメッセージが表示されます。

⑨《**OK**》をクリックします。

ゴール シーク　　　?　✕

セル B9 の収束値を探索しています。　**ステップ(S)**
解答が見つかりました。

　　　　　　　　　　　　　　　　　一時停止(P)

目標値: 100000
現在値: 100,000

　　　　　　　OK　　　**キャンセル**

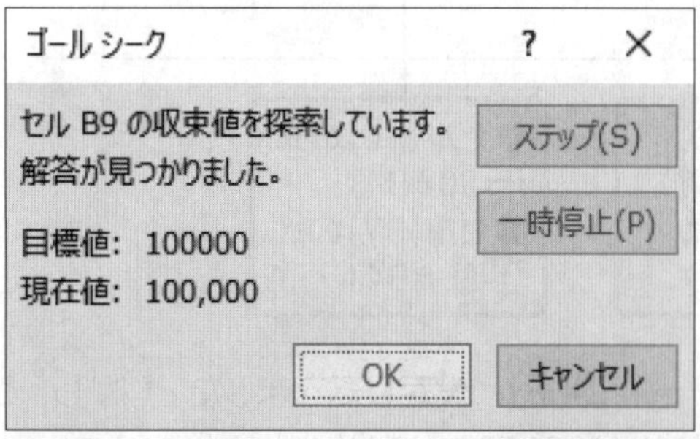

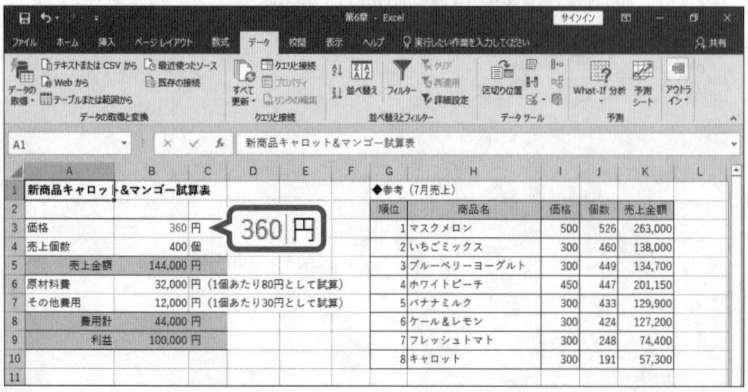

セル【B3】に利益が100,000円となる最適
な価格が試算されます。

A	B	C
新商品キャロット&マンゴー試算表		
価格	360	円
売上個数	400	個
売上金額	144,000	円
原材料費	32,000	円 (1個あたり80円として試算)
その他費用	12,000	円 (1個あたり30円として試算)
費用計	44,000	円
利益	100,000	円

◆参考（7月売上）

順位	商品名	価格	個数	売上金額
1	マスクメロン	500	526	263,000
2	いちごミックス	300	460	138,000
3	ブルーベリーヨーグルト	300	449	134,700
4	ホワイトピーチ	450	447	201,150
5	バナナミルク	300	433	129,900
6	ケール&レモン	300	424	127,200
7	フレッシュトマト	300	248	74,400
8	キャロット	300	191	57,300

	A	B	C	D	E	F
1	新商品キャロット&マンゴー試算表					
2						
3	価格	360	円			
4	売上個数	400	個			
5	売上金額	144,000	円			
6	原材料費	32,000	円	（1個あたり80円として試算）		
7	その他費用	12,000	円	（1個あたり30円として試算）		
8	費用計	44,000	円			
9	利益	100,000	円			
10						
11						

利益が100,000円になる価格は360円であると試算されました。

このようにゴールシークを使うと逆算して、最適な値を導き出すことができます。

今回は価格を検討しましたが、逆に価格を固定して目標を達成するための売上個数を求めるなど、様々な値を試算することができます。

👆POINT 反復計算の設定

数式によってはゴールシークで解答が見つからずに、長時間計算を繰り返すことがあります。そのような場合には、反復計算の設定をしておくと、計算を途中で中断させることができます。

反復計算を使うと、計算を繰り返す上限の回数と、計算結果の変化の度合いを設定することができます。

反復計算を設定する方法は、次のとおりです。

◆《ファイル》タブ→《オプション》→左側の一覧から《数式》を選択→《計算方法の設定》の《☑反復計算を行う》→《最大反復回数》／《変化の最大値》を設定

※お使いの環境によっては、《オプション》が表示されていない場合があります。その場合は、《その他》→《オプション》をクリックします。

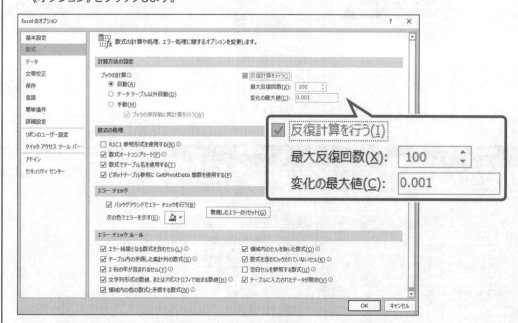

Step3 最適な広告プランをシミュレーションする

1 ソルバーを使った広告回数の検討

導き出す値が1つの場合はゴールシークを使いますが、導き出す値が複数ある場合は、ソルバーを使います。

例えば、「アパート全体の賃料合計の目標額を満たすためには、各階の賃料をいくらにすればよいのか」や「決められた仕入価格内で商品をどう組み合わせれば、最大個数の仕入れが可能か」など、制約条件を満たす最適な値を導き出すことができます。

1 ソルバーアドインの設定

ソルバーは、アドインを有効にして使用します。ソルバーアドインを有効にしましょう。

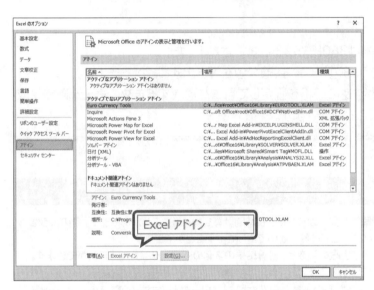

①《ファイル》タブ→《オプション》をクリックします。

※お使いの環境によっては、《オプション》が表示されていない場合があります。その場合は、《その他》→《オプション》をクリックします。

《Excelのオプション》が表示されます。

②左側の一覧から《アドイン》を選択します。

③《管理》の ▼ をクリックし、一覧から《Excel アドイン》を選択します。

④《設定》をクリックします。

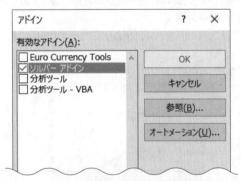

《アドイン》ダイアログボックスが表示されます。

⑤《ソルバーアドイン》を ✓ にします。

⑥《OK》をクリックします。

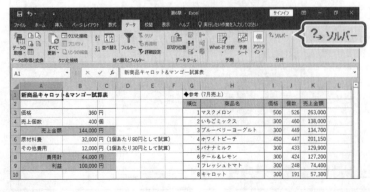

《データ》タブに《分析》グループと ?→ソルバー （ソルバー）が追加されます。

2 広告回数の検討

新商品の発売に合わせて、複数の媒体を使って、広告の出稿を検討しています。
広告の出稿にあたり、ターゲットや効果について広告会社に提案をしてもらったところ、「**車内広告**」、「**SNS（A）**」、「**SNS（B）**」の3つの媒体が候補にあがりました。

	A	B	C	D	E	F	G	H
1	宣伝費試算表							
2								
3	媒体	車内広告	SNS（A）	SNS（B）	計		宣伝費用予算	800,000
4	宣伝費用（円）	150,000	90,000	55,000	295,000		販売効果	5,000
5	販売効果（個）	300	250	500	1,050			
6	回数				0			
7	宣伝費用 合計	0	0	0	0			
8	販売効果 合計	0	0	0	0			
9								
10								

●セル【B7】の式
「=B4*B6」
●セル【B8】の式
「=B5*B6」

各媒体の宣伝費用と予想される販売効果は、次のとおりです。

●車内広告
宣伝費用は1回あたり150,000円、売上個数が増加する効果は300個

●SNS（A）
宣伝費用は1回あたり90,000円、売上個数が増加する効果は250個

●SNS（B）
宣伝費用は1回あたり55,000円、売上個数が増加する効果は500個

ソルバーを使って、条件を満たすように各媒体へ広告を出す最適な回数を導き出しましょう。

Try!! 操作しよう

次のように条件を設定して、シート「広告シミュレーション」の宣伝費用合計（セル【E7】）が最も安くなるように、セル範囲【B6:D6】に広告を出す回数を試算しましょう。
<条件>
・3つの媒体を最低1回は使う
・宣伝費用合計は800,000円以下とする
・販売効果合計は5,000個以上とする

①シート「**広告シミュレーション**」を表示します。

②《**データ**》タブ→《**分析**》グループの [?→ ソルバー]（ソルバー）をクリックします。

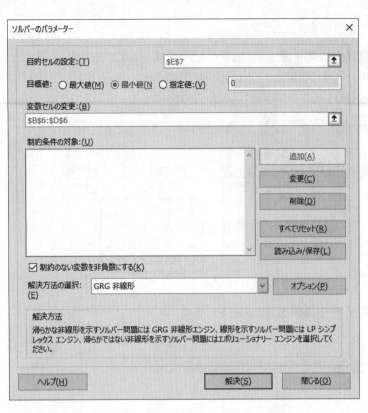

《ソルバーのパラメーター》ダイアログボックス
が表示されます。

③《目的セルの設定》にカーソルを表示します。

④セル【E7】を選択します。

⑤《目標値》の《最小値》を⦿にします。

⑥《変数セルの変更》にカーソルを表示します。

⑦セル範囲【B6:D6】を選択します。

⑧《追加》をクリックします。

《制約条件の追加》ダイアログボックスが表示
されます。

「3つの媒体を最低1回は使う」の制約条件を
設定します。

⑨《セル参照》にカーソルを表示します。

⑩セル範囲【B6:D6】を選択します。

⑪中央のボックスの⌄をクリックし、一覧か
　ら《>=》を選択します。

⑫《制約条件》に「1」と入力します。

⑬《追加》をクリックします。

「宣伝費用合計は800,000円以下とする」の制
約条件を設定します。

⑭《セル参照》にカーソルを表示します。

⑮セル【E7】を選択します。

⑯中央のボックスの⌄をクリックし、一覧か
　ら《<=》を選択します。

⑰《制約条件》にカーソルを表示します。

⑱セル【H3】を選択します。

⑲《追加》をクリックします。

「販売効果合計は5,000個以上とする」の制約
条件を設定します。

⑳《セル参照》にカーソルを表示します。

㉑セル【E8】を選択します。

㉒中央のボックスの⌄をクリックし、一覧か
ら《>=》を選択します。

㉓《制約条件》にカーソルを表示します。

㉔セル【H4】を選択します。

㉕《OK》をクリックします。

《ソルバーのパラメーター》ダイアログボックス
に戻ります。

㉖《解決》をクリックします。

ソルバーのパラメーター

目的セルの設定:(T)　$E$7

目標値:　○最大値(M)　●最小値(N)　○指定値:(V)　0

変数セルの変更:(B)
$B$6:$D$6

制約条件の対象:(U)
$B$6:$D$6 >= 1
$E$7 <= $H$3
$E$8 >= $H$4

追加(A)
変更(C)
削除(D)
すべてリセット(R)
読み込み/保存(L)

ヘルプ(H)　　解決(S)　　閉じる(O)

《ソルバーの結果》ダイアログボックスが表示
されます。

㉗《ソルバーの解の保持》を◉にします。

㉘《OK》をクリックします。

ソルバーの結果

ソルバーによって解が見つかりました。すべての制約条件と最
適化条件を満たしています。

レポート
解答
感度
条件

◉ ソルバーの解の保持

○ 計算前の値に戻す

□ ソルバー パラメーターのダイアログに戻る　　□ アウトライン レポート

OK　　キャンセル　　シナリオの保存...

ソルバーによって解が見つかりました。すべての制約条件と最適化条件を満たしています。

GRG エンジンが使用されるのは、ソルバーで1つ以上のローカル最適解が見つかった場合です。シンプレックス LP が
使用されるのは、ソルバーでグローバル最適解が見つかった場合です。

セル範囲【B6:D6】に条件を満たす最適な
広告回数が試算されます。

※ソルバーアドインを無効にしておきましょう。ソル
バーアドインを無効にするには、《ファイル》タブ→
《オプション》→左側の一覧から《アドイン》を選択→
《管理》の⌄→《Excelアドイン》→《設定》→《ソル
バーアドイン》を☐にします。

※お使いの環境によっては、《オプション》が表示され
ていない場合があります。その場合は、《その他》→
《オプション》をクリックします。

	A	B	C	D	E	F	G	H
1	宣伝費試算表							
2								
3	媒体	車内広告	SNS (A)	SNS (B)	計		宣伝費用予算	800,000
4	宣伝費用（円）	150,000	90,000	55,000	295,000		販売効果	5,000
5	販売効果（個）	300	250	500	1,050			
6	回数	1	1	9	11			
7	宣伝費用 合計	150,000	90,000	489,500	729,500			
8	販売効果 合計	300	250	4,450	5,000			
9								
10								
11								
12								
13								
14								

Check!! 結果を確認しよう

	A	B	C	D	E	F	G	H
1	宣伝費試算表							
2								
3	媒体	車内広告	SNS（A）	SNS（B）	計		宣伝費用予算	800,000
4	宣伝費用（円）	150,000	90,000	55,000	295,000		販売効果	5,000
5	販売効果（個）	300	250	500	1,050			
6	回数	1	1	9	11			
7	宣伝費用 合計	150,000	90,000	489,500	729,500			
8	販売効果 合計	300	250	4,450	5,000			
9								
10								
11								
12								
13								

制約条件を満たす広告回数は、車内広告1回、SNS（A）1回、SNS（B）9回と求められます。このとき、販売効果の合計は5,000個、宣伝費用の合計は予算より少ない729,500円となります。

このようにソルバーを使うと、様々な条件を設定して、シミュレーションを行い、最適な解を導き出すことができます。

※ブックに任意の名前を付けて保存し、閉じておきましょう。

POINT 制約条件の設定

制約条件は、あとから追加したり、削除したりできます。

❶制約条件を追加します。
❷選択した制約条件の設定内容を変更します。
❸選択した制約条件を削除します。
❹設定したセル範囲や制約条件をすべてリセットします。

付 録

分析に適したデータに
整形しよう

Step1 重複データを削除する

1 重複データの削除

データの一意性を担保するために、重複データがないか確認します。重複データが見つかった場合はデータを削除したり、確認して修正したりします。

●商品リストに同じ商品のデータが複数ある

	A	B	C	D	E
1	商品リスト				
2					
3	型番	商品名	販売価格	販売状況	
4	R01-H-BEG	レザー型押しハンドバッグ・ベージュ	16,800		
5	R01-H-BLK	レザー型押しハンドバッグ・ブラック	16,800	販売中	
6	R01-H-WHT	レザー型押しハンドバッグ・ホワイト	16,800	販売中	
7	R01-P-BEG	レザー型押しパース・ベージュ	13,500		
8	R01-P-BLK	レザー型押しパース・ブラック	13,500		
9	R01-P-BEG	レザー型押しパース・ベージュ	13,500		
10	R01-P-WHT	レザー型押しパース・ホワイト	13,500		
11	R01-S-BEG	レザー型押しショルダーバッグ・ベージュ	28,600	販売中	
12	R01-S-BLK	レザー型押しショルダーバッグ・ブラック	28,600	販売中	
13	R01-S-WHT	レザー型押しショルダーバッグ・ホワイト	28,600	販売中	
14	R01-R-WHT	レザー型押しショルダーバッグ・ホワイト	16,800	販売中	
15	R02-H-BEG	レザー軽量ハンドバッグ・ベージュ	18,800		
16	R02-H-BLK	レザー軽量ハンドバッグ・ブラック	18,800	販売中	
17	R02-H-SLV	レザー軽量ハンドバッグ・シルバー	18,800	販売中	
18	R02-P-BEG	レザー軽量パース・ベージュ	15,500	販売中	
19	R02-P-BLK	レザー軽量パース・ブラック	15,500	販売中	
20	R02-P-SLV	レザー軽量パース・シルバー	15,500	販売中	
21	R02-S-BEG	レザー軽量ショルダーバッグ・ベージュ	20,800	販売中	
22	R02-S-BLK	レザー軽量ショルダーバッグ・ブラック	20,800	販売中	
23	R02-S-SLV	レザー軽量ショルダーバッグ・シルバー	20,800	販売中	

商品リスト　売上データ　型番別商品リスト　店舗リスト

型番と商品名が重複している

商品名が重複している

1 重複データの確認

条件付き書式の「**重複する値**」を使うと、重複データに書式を設定できます。重複データが強調されるので、削除してよいかを判断したり、データの問題点を見つけ出したりすることができます。

File OPEN ブック「付録」を開いておきましょう。

シート「**商品リスト**」の「**型番**」と「**商品名**」の両方が重複しているセルに、「**濃い緑の文字、緑の背景**」の書式を設定しましょう。

①シート「**商品リスト**」のセル範囲【**A4：B23**】を選択します。

②《**ホーム**》タブ→《**スタイル**》グループの 条件付き書式 （条件付き書式）→《**セルの強調表示ルール**》→《**重複する値**》をクリックします。

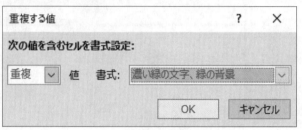

《**重複する値**》ダイアログボックスが表示されます。

③《**次の値を含むセルを書式設定**》の左側のボックスが《**重複**》になっていることを確認します。

④《**書式**》の ✓ をクリックし、一覧から《**濃い緑の文字、緑の背景**》を選択します。

⑤《**OK**》をクリックします。

重複データに書式が設定されます。

※7行目と9行目は型番と商品名、13行目と14行目は商品名が重複しています。

STEP UP ルールのクリア

重複データの確認後、設定した条件付き書式のルールが不要になった場合は、ルールをクリアできます。

◆条件を設定した範囲を選択→《**ホーム**》タブ→《**スタイル**》グループの 条件付き書式 （条件付き書式）→《**ルールのクリア**》→《**選択したセルからルールをクリア**》

2 重複データの削除

収集したデータに重複データがある場合は削除します。**「重複の削除」**を使うと、表内のデータを指定した基準で比較し、重複データが存在した場合は削除します。ただし、重複の削除を実行するとデータはすぐに削除されるので注意が必要です。

「**型番**」と「**商品名**」の両方が重複しているレコードを削除しましょう。

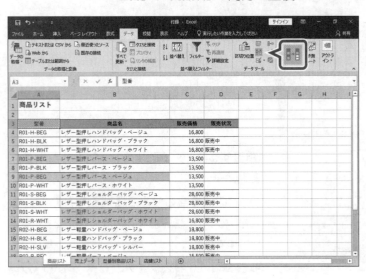

① セル【A3】を選択します。
※表内のセルであれば、どこでもかまいません。
② 《**データ**》タブ→《**データツール**》グループの ▦▦ （重複の削除）をクリックします。

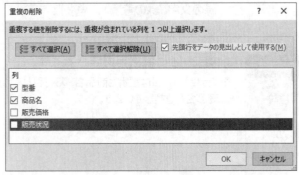

《**重複の削除**》ダイアログボックスが表示されます。
③ 《**先頭行をデータの見出しとして使用する**》を ☑にします。
④ 《**型番**》と《**商品名**》を ☑、それ以外の項目を □ にします。
⑤ 《**OK**》をクリックします。

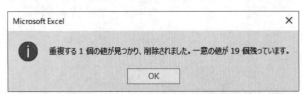

⑥ メッセージを確認し、《**OK**》をクリックします。

9行目が削除されます。
※商品名だけが重複している行は、この操作では削除されません。入力ミスなどの可能性が考えられるため、重複の削除を使わずに、確認してから削除や修正をするようにします。

空白データを確認する

1 空白セルの確認

入力されているはずのセルが空白（Null）になっていると、集計をしたり、グラフを作成したりしたときに正しい結果にならない場合があります。データに空白セルがないか確認し、見つかった場合はデータを入力するなど適切に対応します。

●値が入力されていないセルが複数ある

	A	B	C	D	E
1	商品リスト				
2					
3	型番	商品名	販売価格	販売状況	
4	R01-H-BEG	レザー型押しハンドバッグ・ベージュ	16,800		
5	R01-H-BLK	レザー型押しハンドバッグ・ブラック	16,800	販売中	
6	R01-H-WHT	レザー型押しハンドバッグ・ホワイト	16,800	販売中	
7	R01-P-BEG	レザー型押しパース・ベージュ	13,500		
8	R01-P-BLK	レザー型押しパース・ブラック	13,500		
9	R01-P-WHT	レザー型押しパース・ホワイト	13,500		
10	R01-S-BEG	レザー型押しショルダーバッグ・ベージュ	28,600	販売中	
11	R01-S-BLK	レザー型押しショルダーバッグ・ブラック	28,600	販売中	
12	R01-S-WHT	レザー型押しショルダーバッグ・ホワイト	28,600	販売中	
13	R01-R-WHT	レザー型押しショルダーバッグ・ホワイト	16,800	販売中	
14	R02-H-BEG	レザー軽量ハンドバッグ・ベージュ	18,800		
15	R02-H-BLK	レザー軽量ハンドバッグ・ブラック	18,800	販売中	
16	R02-H-SLV	レザー軽量ハンドバッグ・シルバー	18,800	販売中	
17	R02-P-BEG	レザー軽量パース・ベージュ	15,500	販売中	
18	R02-P-BLK	レザー軽量パース・ブラック	15,500	販売中	

　　商品リスト　売上データ　型番別商品リスト　店舗リスト

1 ジャンプを使った空白セルの選択

「ジャンプ」を使うと、空白セルをまとめて選択できます。
シート「商品リスト」の表内の空白セルを確認し、「予約受付中」と入力しましょう。

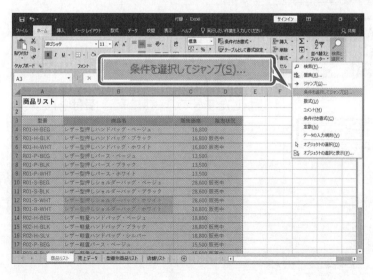

① シート「商品リスト」のセル【A3】を選択します。
② Ctrl + A を押します。
※ Ctrl + A を押すと、表をまとめて選択できます。
③《ホーム》タブ→《編集》グループの（検索と選択）→《条件を選択してジャンプ》をクリックします。

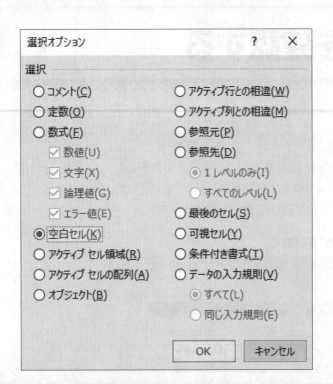

《選択オプション》ダイアログボックスが表示されます。

④《空白セル》を◉にします。

⑤《OK》をクリックします。

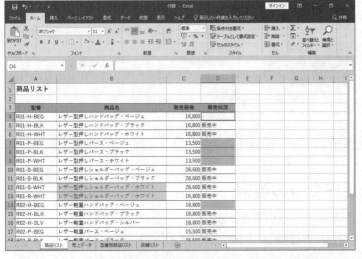

表内の空白セルがすべて選択されます。

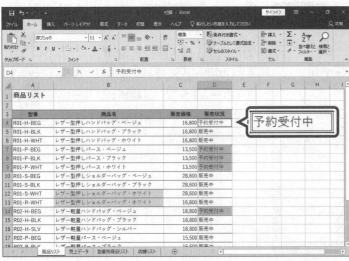

⑥「予約受付中」と入力し、[Ctrl]+[Enter]を押します。

※[Ctrl]+[Enter]を押すと、同じデータをまとめて入力できます。

選択したすべてのセルに「予約受付中」と入力されます。

2 フィルターを使った空白セルの抽出

「フィルター」を使って、空白セルのあるレコードを抽出できます。
シート「売上データ」の「担当者名」が空白になっているレコードを抽出して、まとめて「田中」と入力しましょう。

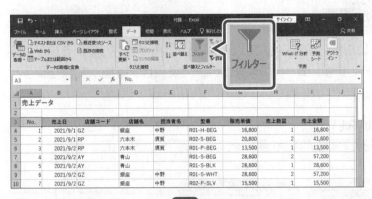

①シート「売上データ」のセル【A3】を選択します。

※表内のセルであれば、どこでもかまいません。

②《データ》タブ→《並べ替えとフィルター》グループの 🔽 (フィルター) をクリックします。

③「担当者名」の 🔽 をクリックします。

④《(すべて選択)》を □ にします。

※項目がすべて □ になります。

⑤《(空白セル)》を ☑ にします。

⑥《OK》をクリックします。

「担当者名」が空白になっているレコードが抽出されます。

⑦セル範囲【E7:E95】を選択します。

⑧「田中」と入力し、[Ctrl]+[Enter]を押します。

選択したすべてのセルに「田中」と入力されます。

> **STEP UP** フィルターのクリア
>
> レコードの抽出を解除して、すべてのレコードを表示する操作は次のとおりです。
> ◆フィールド名の 🔽 →《"(フィールド名)"からフィルターをクリア》

Step 3 データの表記を統一する

1 データの表記の統一

同じフィールドのデータに異なる表記が混在している、半角と全角が混在しているなど、整合性に問題がある場合は統一します。データの表記を統一するには、置換や関数を使うと便利です。

●データの整合性がとれていない

	A	B	C	D	E	F	G	H	I
1	商品リスト								
2									
3	型番	カラー	商品名	販売価格	販売状況	次回入荷			
4	R01-H-BEG		レザー型押しハンドバッグ・ベージュ	16,800	予約受付中	１１月上旬			
5	R01-H-BLK		レザー型押しハンドバッグ・ブラック	16,800	販売中				
6	R01-H-WT		レザー型押しハンドバッグ・ホワイト	16,800	販売中				
7	R01-P-BEG		レザー型押しパース・ベージュ	13,500	予約受付中	10月下旬			
8	R01-P-BLK		レザー型押しパース・ブラック	13,500	予約受付中	１０月下旬			
9	R01-P-WHT		レザー型押しパース・ホワイト	13,500	予約受付中	１０月下旬			
10	R01-S-BEG		レザー型押しショルダーバッグ・ベージュ	28,600	販売中				
11	R01-S-BLK		レザー型押しショルダーバッグ・ブラック	28,600	販売中				
12	R01-S-WT		レザー型押しショルダーバッグ・ホワイト	28,600	販売中				
13	R02-H-BEG		レザー軽量ハンドバッグ・ベージュ	18,800	予約受付中	11月上旬			

「WHT」「WT」が混在している　　　　　　半角と全角が混在している

1 置換

指定した文字列を別の文字列にまとめて置換することができます。
シート「**型番別商品リスト**」に入力されている「**WT**」を「**WHT**」にすべて置換しましょう。

①シート「**型番別商品リスト**」を表示します。
②《**ホーム**》タブ→《**編集**》グループの （検索と選択）→《**置換**》をクリックします。

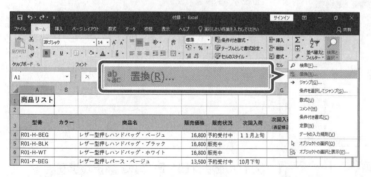

《**検索と置換**》ダイアログボックスが表示されます。

③《**置換**》タブを選択します。

④《**検索する文字列**》に「**WT**」と入力します。
※半角で入力します。

⑤《**置換後の文字列**》に「**WHT**」と入力します。

⑥《**すべて置換**》をクリックします。

図のようなメッセージが表示されます。

⑦《**OK**》をクリックします。
※2件のデータが置換されます。

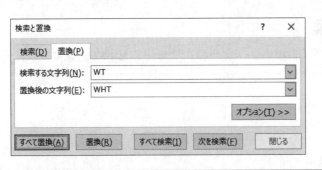

《検索と置換》ダイアログボックスに戻ります。

⑧《閉じる》をクリックします。

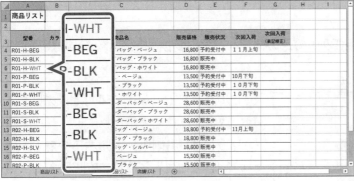

「WT」が「WHT」に置換されます。

※6行目と12行目が置換されます。

2 文字列の取り出し

関数を使って、1つのセルに入力されたデータを別々のセルに分割できます。

「RIGHT関数」を使うと、文字列の右側から指定された数の文字を取り出すことができます。

=RIGHT(文字列, 文字数)
　　　　　　❶　　　❷

---

❶文字列
取り出す文字を含む文字列またはセルを指定します。

❷文字数
取り出す文字数を指定します。
※「1」は省略できます。省略すると、右端の文字が取り出されます。

A列の型番は、次のような構成になっています。

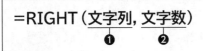

R01-H-BEG
シリーズ 種類 カラー

RIGHT関数を使って、B列にカラーの文字列を取り出しましょう。

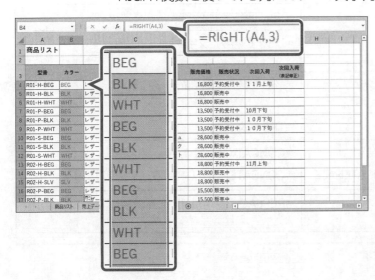

①セル【B4】に「=RIGHT(A4,3)」と入力します。

カラーの文字列が取り出されます。

②セル【B4】を選択し、セル右下の■（フィルハンドル）をダブルクリックします。

数式がコピーされます。

3 半角の文字列に変換

「ASC関数」を使うと、全角の英数字やカタカナを半角の文字列に変換できます。

=ASC（文字列）
　　　　　❶

❶文字列
半角にする文字列またはセルを指定します。

ASC関数を使って、次回入荷（F列）の月の数字を半角に変換しましょう。結果はG列に表示します。

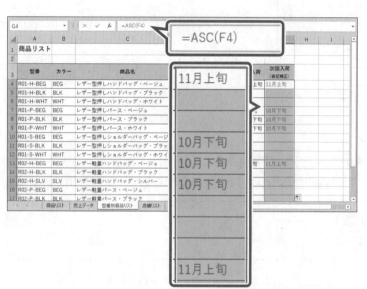

①セル【G4】に「=ASC（F4）」と入力します。
月の数字が半角で表示されます。

②セル【G4】を選択し、セル右下の■（フィルハンドル）をセル【G21】までドラッグします。
数式がコピーされます。

※ブックに任意の名前を付けて保存し、閉じておきましょう。

🖱 POINT　データの整形に利用できる主な関数

データの整形に利用できる関数には、次のようなものがあります。

機能	関数名	書式
半角→全角に変換	JIS	=JIS（文字列）
英小文字→英大文字に変換	UPPER	=UPPER（文字列）
英大文字→英小文字に変換	LOWER	=LOWER（文字列）
文字列→数値に変換	VALUE	=VALUE（文字列）
文字列の左側から指定した文字数を取り出す	LEFT	=LEFT（文字列, 文字数）
文字列の指定した開始位置から指定した文字数を取り出す	MID	=MID（文字列, 開始位置, 文字数）
文字列から余分な空白を削除	TRIM	=TRIM（文字列）
文字列の連結	2019 CONCAT 2016 CONCATENATE	=CONCAT（テキスト1,…） =CONCATENATE（文字列1, [文字列2] ,…）
文字列の開始位置と文字数を指定して、置換文字列に置き換える	REPLACE	=REPLACE（文字列,開始位置,文字数,置換文字列）

索 引

Index

索引

よくわかる

Excelではじめるデータ分析
関数・グラフ・ピボットテーブルから分析ツールまで
Microsoft® Excel® 2019/2016対応
（FPT2111）

2021年11月22日　初版発行
2024年 2 月27日　初版第 4 刷発行

著作／制作：株式会社富士通ラーニングメディア

発行者：青山　昌裕

発行所：FOM出版（株式会社富士通ラーニングメディア）
　　　　〒212-0014　神奈川県川崎市幸区大宮町 1 番地 5　JR川崎タワー
　　　　　　　　　株式会社富士通ラーニングメディア内
　　　　　　　　　https://www.fom.fujitsu.com/goods/

印刷／製本：株式会社サンヨー

表紙デザインシステム：株式会社アイロン・ママ